高等职业教育机电类专业系列教材

UG NX12.0

机电产品三维数字化设计实例教程

主　编　戚春晓　黄　智

副主编　石亚平　陈建平　文学红

西安电子科技大学出版社

内容简介

　　本书通过大量实例，对 UG NX12.0 环境下的机电产品设计技术进行了全面、系统的介绍。本着实用、够用、好用的原则，本书不是单纯讲解 UG NX12.0 软件命令的操作，而是将编者多年教学实践及工作经验提炼出来，介绍了大量关于 UG NX12.0 的使用及操作方法与经验，旨在为读者学习 UG NX12.0 技术提供参考。

　　本书共分为 6 个模块，分别介绍 UG NX12.0 设计基础、草图设计、实体造型设计、曲面设计、装配设计、工程图设计等内容，涵盖了机械产品设计与加工、模具设计与制造，以及数控技术所需的 UG NX12.0 操作的基础知识。本书实例丰富，内容由浅入深，层次分明，重点突出，条理清晰。书中大部分建模案例以二维工程图并附加三维实体图的形式呈现，从而有利于读者在开始作图前建立合理的建模思路。

　　本书可作为高职高专院校或相关培训学校机电类及相关专业的教材，也可作为工程技术人员、UG NX12.0 爱好者的学习与参考用书。

图书在版编目(CIP)数据

UG NX12.0 机电产品三维数字化设计实例教程 / 戚春晓，黄智主编 . -- 西安：西安电子科技大学出版社，2023.6
ISBN 978-7-5606-6869-7

Ⅰ.① U… Ⅱ.①戚… ②黄… Ⅲ.①机电设备—工业产品—计算机辅助设计—应用软件—教材 Ⅳ.① TH122-39

中国国家版本馆 CIP 数据核字(2023)第 079917 号

策　　划　吴祯娥
责任编辑　吴祯娥　陈　婷
出版发行　西安电子科技大学出版社 (西安市太白南路 2 号)
电　　话　(029)88202421 88201467　　　　邮　　编　710071
网　　址　www.xduph.com　　　　电子邮箱　xdupfxb001@163.com
经　　销　新华书店
印刷单位　陕西天意印务有限责任公司
版　　次　2023 年 6 月第 1 版　　2023 年 6 月第 1 次印刷
开　　本　787 毫米 × 1092 毫米　　1/16　　印　张　18.25
字　　数　435 千字
印　　数　1 ～ 2000 册
定　　价　57.00 元

ISBN 978-7-5606-6869-7 / TH

XDUP 7171001-1

*** 如有印装问题可调换 ***

P 前言
reface

UG NX12.0 软件是当今应用较为广泛、非常具有竞争力的 CAE/CAD/CAM 大型集成软件之一，它囊括了产品设计、零件装配、模具设计、NC加工、工程图设计、模流分析、自动测量和机构仿真等多种功能，能够改善整体流程，提高流程中每个步骤的效率，广泛应用于航空、航天、汽车、通用机械和造船等工业领域。

"CAD 技术 (UG)" 课程是佛山职业技术学院的精品课程。本书作为精品课程建设成果之一，适应高等职业教育的特点，遵循学生职业能力培养的基本规律，以真实工作任务及其工作过程为依据整合教材内容，精选了具有代表性的 30 多个建模实例，从简单到复杂，从单个知识的运用到综合知识的运用，全面系统地介绍了 UG NX12.0 软件在机电产品设计领域的具体使用方法和操作技巧。

本书的最大特点是以项目为依托，注重能力训练，以贴近职业岗位要求、注重职业素质培养为目标。本书编者根据多年的产品设计、产品研发及模具设计经验，把工厂所需与教学实际相结合，把重点放在软件的使用方法和使用技巧方面。本书还包含了大量的操作技巧、知识点拓展和视频讲解 (观看网址：https://mooc1-1.chaoxing.com/course/212392474.html)，方便读者更加轻松地掌握 UG NX12.0 的设计技巧。

本书共 6 个模块，各模块的具体内容如下：

模块一介绍 UG NX 12.0 的界面及基本操作，包括鼠标与键盘的使用、常用的视图操作、视图布局的设置、图层的设置等内容。

模块二介绍草图工具、草图的创建与管理、草图的约束方法和操作等内容，并通过三个草图实例详细介绍了设计草图的具体操作。

模块三通过两个实体建模案例介绍 UG NX12.0 建模功能，包括各种基本特征、体素特征、扫描特征和细节特征等基础建模操作、特征操作和相关编辑模块。

模块四讲解曲面设计的操作方法，包括曲面造型、操作曲面以及编辑曲面的相关操作知识及应用案例。

模块五介绍装配的基本概念、装配导航器、装配的配对条件、自底向上和自顶向下的装配方法，并通过具体范例让读者对装配的流程有进一步的了解。

模块六介绍工程图的参数和预设置、图纸的操作和关联、视图操作及尺寸标注与注释、工程图的导出与 CAD 图的导入等。

本书的编者都有 10 年以上 UG NX 软件的教学经验，且都曾经在企业使用 UG NX 软件从事过产品设计、模具设计及 UG 数控编程加工。本书由佛山职业技术学院的戚春晓和中山职业技术学院的黄智担任主编，佛山职业技术学院的石亚平、陈建平、文学红担任副主编。

由于编者水平有限，书中不妥之处在所难免，敬请广大读者批评指正。

编　者

2022 年 10 月

C目录ontents

模块一　UG NX12.0 设计基础

无论用户学习何种软件，都需要经历从基础到进阶再到精通的过程。本章主要讲述 UG NX12.0 的基本操作和工作环境的设置技巧，主要包括软件的打开、建模界面的进入、工具条和按钮的设置、快捷键的设置等。通过本模块的学习，初学者可对 UG NX 软件有初步的认识并掌握一定的基础知识。

【学习目标】

(1) 认识 UG NX12.0 软件，并掌握如何打开 UG NX 软件。
(2) 认识 UG NX12.0 的常用功能及其特点。
(3) 掌握 UG NX12.0 的界面设置，包括工具条和按钮的设置。
(4) 掌握在 UG NX12.0 中打开、保存及关闭文件的操作。
(5) 掌握 UG NX12.0 中常用快捷键的设置方法。

1.1　UG NX12.0 基本界面介绍

启动 UG NX12.0 软件后，出现图 1-1(a) 所示的"基本环境"初始界面，然后选择"文件"菜单栏中的"新建"命令或按快捷键"Ctrl+N"。图 1-1(b) 所示为"新建"对话框，在该对话框中选择相应的建模模块。接着在该对话框中直接输入名称及文件保存路径，再单击"确定"按钮完成新建，即可进入建模模块界面，如图 1-1(c) 所示。

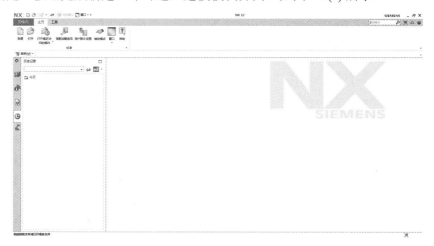

(a) UG NX12.0 初始界面

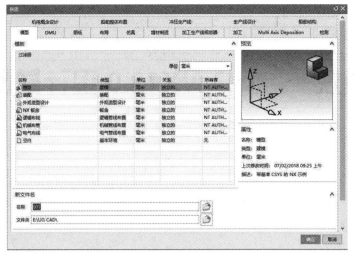

(b)"新建"对话框

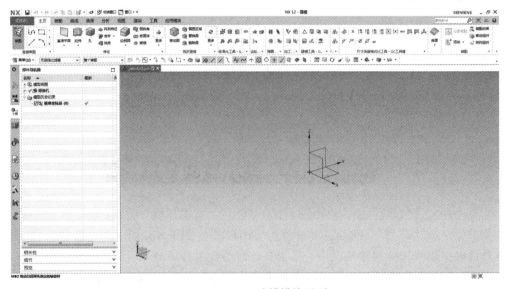

(c) UG NX12.0 建模模块界面

◆ 图 1-1　UG NX12.0 界面

该版本的 UG NX 采用 Ribbon(带状工具条) 功能区型界面，常用的命令未全部显示在工具条上，这对于习惯了早期版本的用户来说可能有些不习惯，因此根据用户需要可将 Ribbon 界面更改为经典界面。可按下述方法进行设置：

如图 1-2 所示，首先在电脑桌面右击【此电脑】，单击【属性】，在【系统】界面左侧一列单击【高级系统设置】，弹出【系统属性】对话框，单击【环境变量】，新建一系统变量，变量名为 UGII_DISPLAY_DEBUG，变量值为 1，单击"确定"按钮，退出【系统】界面。然后打开 UG NX12.0 软件，按快捷键"Ctrl+2"打开【用户界面首选项】对话框，在"用户界面环境"中选择"经典工具条"选项，单击"确定"按钮，退出【用户默认设置】对话框，退出 UG NX12.0 软件再重新打开，新建模型文件，可以看到 Ribbon 界面已修改成经典界面。

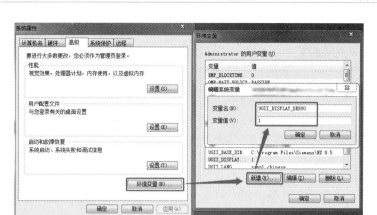

(a) 设置环境变量

(b) 设置经典工具条

◆ 图 1-2　设置经典界面

UG NX 是 Windows 系统下开发的应用程序，其经典用户界面以及许多操作和命令都与 Windows 应用程序非常相似。如图 1-3 所示，UG NX12.0 的工作界面主要包括标题栏、菜单栏、工具栏、提示行 / 状态行、资源条和绘图区。

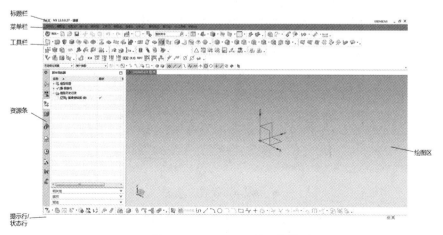

◆ 图 1-3　UG NX12.0 的工作界面

菜单栏包含了 NX NX12.0 软件的所有功能命令。系统将所有的命令及设置选项予以分类，分别放置在不同的菜单选项中，以方便用户的查询及使用。

提示行的作用主要是提示用户如何操作。当执行每个命令时，系统都会在提示行中显示用户必须执行的动作，或者提示用户下一个动作。状态行主要用来显示系统或图形的当前状态。

UG NX 环境中还包含了丰富的操作功能图标，它们按照不同的功能分布在不同的工具图标栏中。每个工具图标栏中的图标按钮都对应着不同的命令，而且图标按钮都以图形的方式直观地表现了该命令的功能。当鼠标指针放在某个图标按钮上时，系统还会显示出该操作功能的名称，这样可以免去用户在菜单中查找命令的工作，更方便用户的使用。

1.2 基本命令及工具条的调入和定制

与其他主流 CAD 软件一样，UG NX12.0 也有独立的工具条、命令和快捷键。工具条中以命令条的方式放置了相关命令，直接单击命令条上的相关命令即可执行相关操作。当然，用户也可将常用的命令设置成快捷键，这样在操作使用一个命令时，可以不用单击工具条上的相应命令图标，而通过输入快捷键来完成该命令的相关操作。

UG NX 的功能非常强大，其工具条和命令也非常多，所以不可能将所有的工具条或命令都显示在界面上。当需要使用这些命令或工具条时，调出即可。定制工具条有以下几种方法：

(1) 在已出现工具条的位置单击鼠标右键，然后在弹出的右键菜单中勾选所需要的工具条即可，如图 1-4 所示。

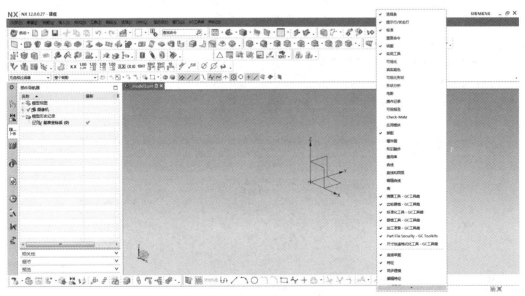

◆ 图 1-4 设置工具条

(2) 在菜单栏中选择【工具】→【定制】命令或按快捷键"Ctrl+1"，弹出【定制】对话框，单击【工具条】选项卡，勾选【装配】工具条，如图 1-5 所示。

◆ 图 1-5　【定制】对话框与【装配】工具条

(3) 单击工具条右侧的小三角符号，在弹出的命令选项中添加或移除按钮，如图 1-6 所示。

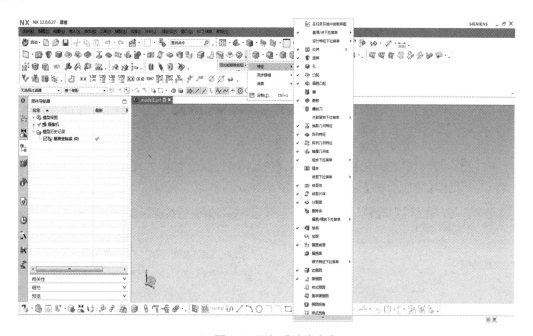

◆ 图 1-6　添加或消隐命令

(4) 一些常用的命令 (如长方体图标) 若采用第 (3) 种方法仍无法加载工具条时，可采用以下方法进行加载：在菜单栏中选择【工具】→【定制】命令或按快捷键 "Ctrl+1"，弹出【定制】对话框，如图 1-7 所示。单击【命令】选项卡，在类别栏中选择【插入】→【设计特征】，右侧出现设计特征菜单中所有命令选项，选中长方体图标 并将它拖到特征工具条的适当位置后放开。

(5) 有关操作结束后，选择 UG NX12.0 功能界面的合适角色并新建一个自己的角色保存起来，在其他计算机使用该软件的时候可调用该角色。进入建模界面后，在界面的资源条中选择【角色】命令，即可弹出角色选择的相关内容，可根据情况选择适合自己的角色，如图 1-8 所示。推荐使用高级角色或者在其基础上新建自己的角色。

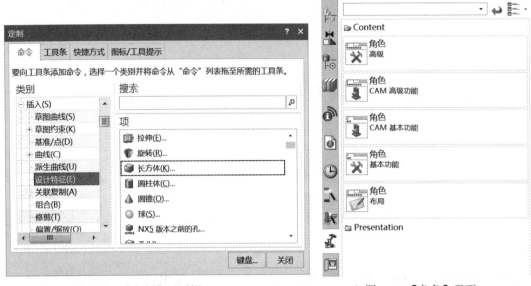

◆ 图 1-7　【定制】对话框　　　　　　　　　　◆ 图 1-8　【角色】界面

1.3　快捷键的设置

为了提高绘图速度，使用者可以根据需要设置一些快捷键。在菜单栏中选择【工具】→【定制】命令或按快捷键"Ctrl+1"，弹出【定制】对话框，如图 1-9(a) 所示。然后单击【键盘】按钮，弹出【定制键盘】对话框，如图 1-9(b) 所示。

(a)【定制】对话框　　　　　　　　　　(b)【定制键盘】对话框

◆ 图 1-9　定义快捷键

在【定制键盘】对话框中选择需要设置快捷键的命令，接着输入相应的快捷键，然后单击【指派】按钮即可创建快捷键，如图 1-10 所示。但要保证所设置的快捷键不能相同，否则设置无效。

◆ 图 1-10　设置快捷键的【定制键盘】对话框

表 1-1 为 UG NX12.0 软件建模常用快捷键，供读者参考。

表 1-1　UG NX12.0 软件建模常用快捷键

命令	快捷键	命令	快捷键	命令	快捷键
草图	Alt + S	凸起	O	直线	1
拉伸	X(默认)	拔模	B	基本曲线	2
回旋	R(默认)	变换	Ctrl + T	艺术样条	S(默认)
沿引导线扫掠	Alt + R	镜像特征	Alt + T	点	4
扫掠	Ctrl + R	镜像体	Shift + T	偏置曲线	5
抽壳	K	实例特征	Ctrl + Shift + T	桥接曲线	6
管道	G	偏置面	P	投影曲线	7
圆角	D	偏置曲面	Alt + P	镜像曲线	8
面倒角	Alt + D	拆分体	C	相交曲线	9
软倒圆	Shift + D	修剪体	Alt + C	抽取曲线	0
倒斜角	Ctrl + D	分割面	Shift + C	连接曲线	Alt + 1
求和	A	通过曲线组	Alt + W	规律曲线	Alt + 2
求差	Alt + A	通过曲线网格	W	组合投影	Alt + 3
求交	Ctrl + A	N 边曲面	N	编辑曲线参数	Alt + 4
加厚	J	修剪的片体	T	分割曲线	Alt + 5
缝合	F	修剪和延伸	Y	曲线长度	Alt + 6
基准平面	H	隐藏	Ctrl + B(默认)	替换面	Alt + H
测量距离	I	反隐藏	Ctrl + Shift + B	删除面	V
图层设置	Ctrl + L(默认)	显示	Ctrl + Shift + K	查看截面	Ctrl + H
移动至图层	Alt + L	移动对象	Ctrl + Shift + M		
在任务环境中绘制草图常用快捷键					
轮廓	Z(默认)	直线	L(默认)	圆弧	A(默认)
圆	O(默认)	矩形	R(默认)	圆角	F(默认)
多边形	P(默认)	快速修剪	T(默认)	尺寸标注	D(默认)

1.4 鼠标与键盘的使用

1. 鼠标的使用

(1) 左键：单击按钮或选择特征时，使用鼠标左键。

(2) 中键 (滚轮)：确定操作、放大缩小或移动时，使用鼠标中键 (滚轮)。

(3) 右键：在绘图区域中单击鼠标右键，会弹出右键菜单；选择特征并单击鼠标右键，会弹出相应的操作命令。

(4) 中键 + 右键：同时按住鼠标中键和右键，可平移对象。

(5) Ctrl + 左键：当需要在模型树中选择多个特征时，可在键盘上按住 Ctrl + 左键。

(6) Shift + 左键：当需要在模型树选择多个连续的特征时，可在键盘上按住 Shift + 左键。

2. 键盘的使用

当需要设置快捷键或在对话框中输入参数时，需要使用键盘。另外，当需要删除特征或进行快捷键操作时，也需要使用键盘。

键盘的常用功能键的作用如下：

- F5：刷新。
- F6：窗口缩放。
- F7：图形旋转。
- F8：定向于图形最接近的标准视图。
- Home：图形以三角轴测图显示。
- End：图形以等轴测图显示。
- Ctrl+D/Delete：删除。
- Ctrl+Z：取消上一步操作。
- Ctrl+B：隐藏。
- Ctrl+Shift+B：互换显示与隐藏。
- Ctrl+J：改变图形的图层、颜色及线型等。
- Ctrl+Shift+J：预设置图形的图层、颜色及线型等。
- Shift+MB1：取消已选取的某个图形。
- Shift+MB2/MB2+MB3：平移图形。
- Ctrl+MB2/MB1+MB2：放大 / 缩小。

1.5 背景及模型颜色的设置

1. 背景的设置

在界面菜单栏中选择【首选项】→【背景】命令，弹出【编辑背景】对话框。如果需要设置背景为"渐变"的状态，则设置着色视图为"渐变"，顶部颜色和底部颜色也可进行相应的修改，如图 1-11(a) 所示。如果需将背景设置为单一的颜色，则可设置着色视图为"纯色",并修改普通颜色为所需要的颜色,如图 1-11(b) 所示。

(a) 渐变　　　　　　　　　　　　　　　　　　　(b) 纯色

◆ 图 1-11　【编辑背景】对话框

2. 模型颜色的设置

在进行产品设计或模具设计时,经常需要修改模型的颜色来区分不同零部件的形状位置关系。首先选择要修改颜色的部件或单个曲面,接着在菜单栏中选择【编辑】→【对象显示】命令,弹出【编辑对象显示】对话框,如图 1-12(a) 所示,选择"颜色"选项,弹出【颜色】对话框,如图 1-12(b) 所示。

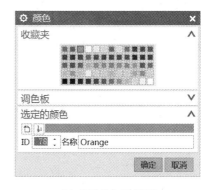

(a)【编辑对象显示】对话框　　　　　　　　(b)【颜色】对话框

◆ 图 1-12　设置部件颜色

UG 系统默认"对象显示"命令的快捷键为"Ctrl+J",当需要修改部件颜色时,可按"Ctrl+J"组合键弹出相应的对话框,然后选择要修改的部件即可进行修改颜色操作。

但如果要修改单个曲面，则需要在选择方式中设置选择类型为"面"，接着选择要修改颜色的面，然后按"Ctrl+J"组合键弹出相应的对话框，并修改颜色即可，如图 1-13 所示。

◆ 图 1-13 设置单个面颜色

在进行模具设计时，为了方便观察模具的结构，常将型腔和型芯的底面设置为透明。和修改面颜色的方法一样，其设置方法为：首先选择需要透明的面，接着按"Ctrl+J"组合键，弹出【编辑对象显示】对话框，然后拖动透明度滑条到 100 的位置，其结果如图 1-14 所示。

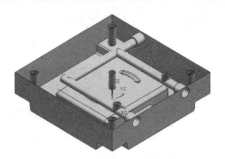

◆ 图 1-14 设置透明度效果图

1.6 图层的使用

UG NX 部件可包含最多 256 个不同的图层。一个层可以包含部件的所有对象，或者部件分布在任意或所有层之间。每个层可以包含任意数目的对象，只受部件所允许的最多对象数目的限制，这种分配方案的目的是有效而方便地组织部件。使用 UG NX 操作对象之前要切换图层，选择菜单【格式】→【图层设置】或按快捷键"Ctrl+L"来进行图层设置，图层设置如表 1-2 所示。

表 1-2 图层设置

图层号	图层内容
1 ～ 20	实体 (Solid Bodies)
21 ～ 40	草图 (Sketchs)
41 ～ 60	曲线 (Curves)
61 ～ 80	基准类特征 (Datum)
81 ～ 100	片体 (Sheet Bodies)
256	建模过程产生的垃圾 (Rubbish)

设置工作图层的步骤如下：

(1) 选择菜单【格式】→【图层设置】或按快捷键"Ctrl+L"。

(2) 在【图层设置】对话框中，执行下列操作之一：

① 在工作图层输入框中输入相应图层号。

② 在名称列上，双击要设为工作图层的图层号。

③ 右键单击要设置的工作图层的图层号，然后从弹出的菜单中选择工作。

④ 单击以高亮显示该层，然后将其设为工作图层的图标 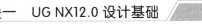。

将图层设为可选层的步骤如下：

(1) 选择菜单【格式】→【图层设置】或按快捷键"Ctrl+L"。

(2) 在【图层设置】对话框中，执行下列操作之一：

① 在名称列上，选择要设为可选的图层号旁的复选框。

② 右键单击要设为可选的图层号，然后从弹出的菜单中选择"可选"选项。

③ 单击以高亮显示该层，然后将其设为可选图标 。

查找对象所在的图层的步骤如下：

(1) 选择菜单【格式】→【图层设置】或按快捷键"Ctrl+L"。

(2) 从图形窗口中选择对象。

注意：将相关图层号高亮显示在【图层设置】对话框中的"图层 / 类别"树列表中，可以继续在图形窗口中选择其他对象来确定其相关联图层。在关闭【图层设置】对话框前，所有图层均保持高亮显示，且对象保持选定状态。

将对象移动或复制到其他图层的步骤如下：

(1) 选择菜单【格式】→【图层设置】或按快捷键"Ctrl+L"。

(2) 在【图层设置】对话框中，执行下列操作之一：

① 从名称列中选择某一图层。

② 右键单击，然后在弹出的菜单中选择移动或复制到图层。

③ 使用【类选择】对话框来选择要移动或复制到选定图层的对象。

④ 单击【确定】按钮，完成移动或复制操作。

从图形窗口中移动或复制到其他图层的步骤如下：

(1) 从图形窗口中选择一个或多个对象。

(2) 在【图层设置】对话框中，右键单击要移动或复制对象的目标图层号。

(3) 选择将选定内容复制到图层或将选定内容移动到图层，也可以从【类选择】对话框中继续选择其他对象或取消选择已选定的对象。

(4) 完成选择后，单击【确定】按钮来完成移动或复制操作。

模块二　草图设计

绘制草图是 UG NX 建模的基础，根据产品设计的经验，草图绘制时间会占到 60% ～ 70%，只有掌握好草图的绘制与编辑技巧才能快速地进行产品设计。通过本模块知识的学习，读者可以快速掌握并提高绘制草图能力，为后面的学习打下坚实的基础。

【学习目标】

(1) 学会进入草图界面并绘制曲线。
(2) 学会选择合适的草图平面创建草图。
(3) 掌握使用 UG NX12.0 使用绘制草图常用的基本命令。
(4) 掌握使用 UG NX12.0 绘制草图的基本方法和技巧。
(5) 掌握草图的编辑方法和技巧。

2.1　UG NX12.0 绘制草图 "口诀"

本节主要讲述草图曲线的绘制思路，即首先分析图形的组成，采用相应草图曲线工具绘制主要曲线，施加相关几何约束，然后标注尺寸，最后生成草图。归结的 UG NX12.0 绘制草图口诀为："看到什么画什么，画一段约束一段；先几何约束，再尺寸约束。"看到一段圆弧就不要画成直线，否则怎么约束都不可能完全约束。画一段约束一段，约束时先约束相切、重合、点在曲线上等几何约束，最后标注定形和定位尺寸。按照该口诀画草图才能做到事半功倍。

2.2　草图实例 1

绘制如图 2-1 所示的草图 1。
绘制草图 1 的操作步骤如下：
(1) 创建名为 "caotu1" 的部件并进入建模界面，设置 21 层作为工作层。
(2) 进入草图界面。选择菜单【插入】→【在任务环境中绘制草图】，单击鼠标中键，默认其参数设置以 XC-YC 平面为草图平面。

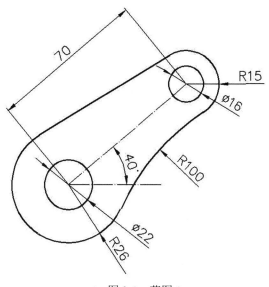

◆ 图 2-1　草图 1

(3) 单击 按钮，关闭连续自动标注尺寸，使绘图界面更简洁。也可在【草图首选项】→【草图设置】中进行设置，如图 2-2 所示。还可以在【文件】→【用户默认设置】中设置，如图 2-3 所示。这里要注意的是三种操作方法权限不一样，第一种只是对当前的草图进行设置；第二种是对当前的部件进行设置；第三种权限最高，是对 UG NX 系统进行设置。

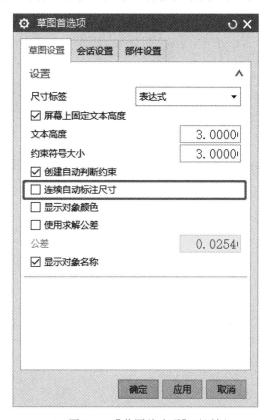

◆ 图 2-2　【草图首选项】对话框

◆ 图 2-3　【用户默认设置】对话框

(4) 绘制圆。按下键盘"O"键，在坐标原点绘制圆，按下键盘"D"键标注尺寸 Ø22，如图 2-4 所示。

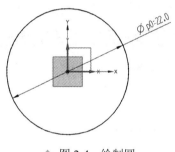

◆ 图 2-4　绘制圆

(5) 绘制辅助线。绘制长为 70 mm 的辅助中心线，并利用 ▮▮ 将该直线转化为参考线，如图 2-5 所示。

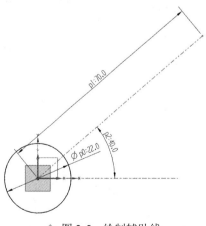

◆ 图 2-5　绘制辅助线

(6) 绘制圆。在辅助中心线的另一端点绘制 Ø16 mm 的圆，如图 2-6 所示。

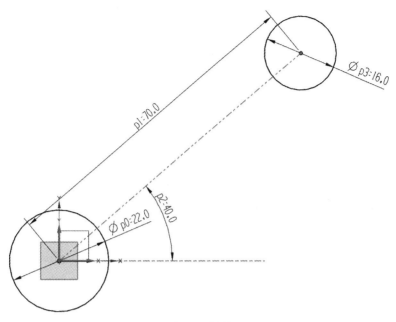

◆ 图 2-6 绘制圆

(7) 绘制圆弧。按下键盘"A"键画 R26、R15 的圆弧，并约束 (利用智能约束直接点选要约束的两个对象，然后选择相应的几何约束) 两圆弧分别与 Ø22 mm、Ø16 mm 的圆同心，如图 2-7 所示。

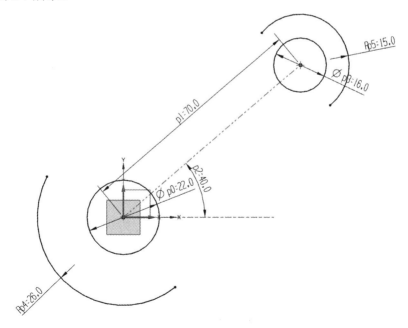

◆ 图 2-7 绘制圆弧

(8) 绘制直线。按下键盘"L"键画与 R26、R15 圆弧相切的直线，在该直线两端点约束分别和 R26、R15 圆弧相切，如图 2-8 所示。

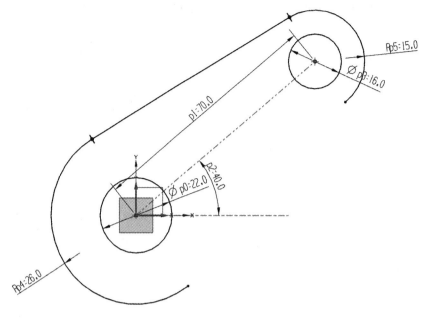

◆ 图 2-8　绘制直线

(9) 倒 R100 圆角，如图 2-9 所示。注意：选线顺序，应该先选择或鼠标滑过 R15 圆弧，再选择或鼠标滑过 R26 圆弧。当然，也可以直接画出 R100 圆弧，但因要约束和两端圆弧相切，所以效率没倒圆角高。

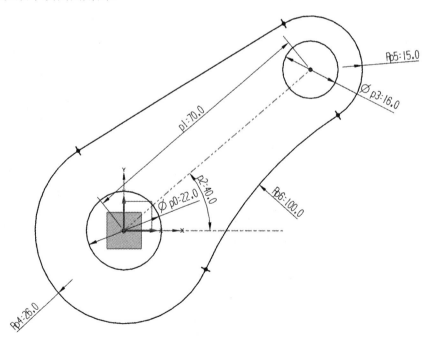

◆ 图 2-9　倒 R100 圆角

(10) 按"Ctrl+Q"组合键退出草图模块窗口，退回到建模界面，草图 1 完成图如图 2-10 所示，保存文件。

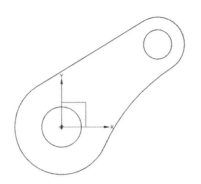

◆ 图 2-10 草图 1 完成图

2.3 草图实例 2

草图实例 2 图形和尺寸如图 2-11 所示。

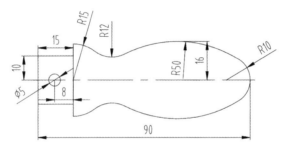

◆ 图 2-11 草图 2

绘制草图 2 的操作步骤如下：

(1) 创建名为"caotu2"的部件并进入建模界面，设置 21 层为工作层。

(2) 进入草图界面。选择菜单【插入】→【在任务环境中绘制草图】，直接单击鼠标中键，默认其参数设置以 XC-YC 平面为草图平面。

(3) 单击 按钮，关闭连续自动标注尺寸，使绘图界面更简洁。

(4) 该模型上下对称，可考虑只画出一半再镜像操作。绘制直线，按下键盘"L"键画直线，按下键盘"D"键标注相应尺寸，如图 2-12 所示。

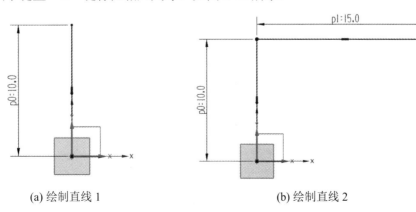

(a) 绘制直线 1   (b) 绘制直线 2

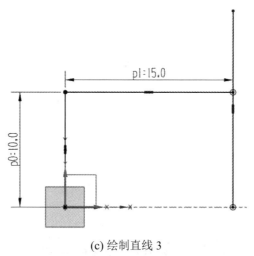

(c) 绘制直线 3

◆ 图 2-12　绘制直线

(5) 绘制圆弧。按下键盘 "A" 键画 R15 圆弧，约束其圆心在第 (4) 步最后画的直线上，继续画 R12、R50 圆弧，标注高度为 16，如图 2-13 所示。

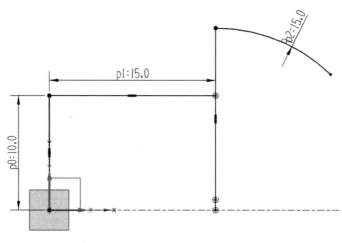

(a) 绘制圆弧 1

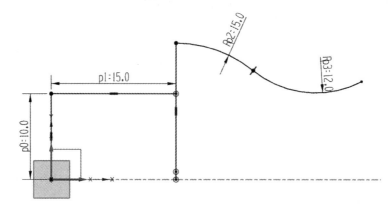

(b) 绘制圆弧 2

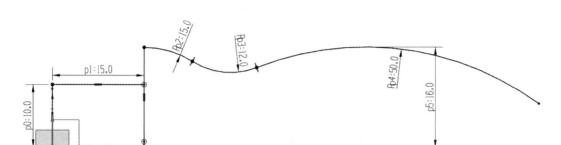

(c) 绘制圆弧 3

◆ 图 2-13 绘制圆弧

(6) 绘制圆弧。按下键盘"A"键画 R10 圆弧，约束其一端点和圆心均在 XC 轴上，按下键盘"D"键标注尺寸 p7=90，如图 2-14 所示。

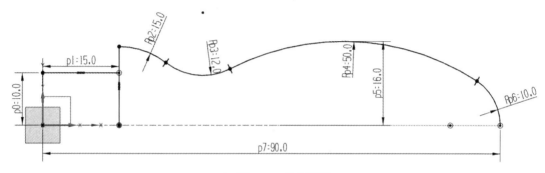

◆ 图 2-14 绘制圆弧

(7) 镜像曲线。在草图操作工具条中选择 ⬚（镜像曲线）或按下组合键"Ctrl+Shift+鼠标右键"选择 ⬚ 图标，出现【镜像曲线】对话框，要镜像的曲线为已绘制的曲线，中心线为 X 轴，如图 2-15 所示。

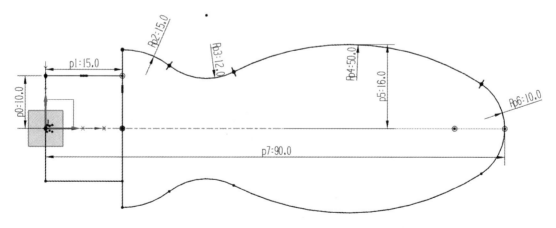

◆ 图 2-15 镜像曲线

(8) 绘制圆。按下键盘"O"键绘制 Ø5 mm 的圆，约束其圆心在 X 轴上，标注尺寸 p8=5、p9=8，如图 2-16 所示。

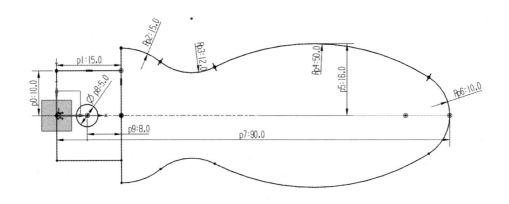

◆ 图 2-16　绘制圆

(9) 按"Ctrl+Q"组合键退出草图模块窗口，退回到建模界面，草图 2 完成图如图 2-17 所示，保存文件。

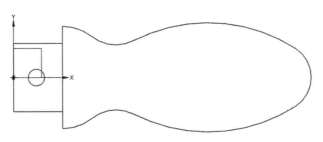

◆ 图 2-17　草图 2 完成图

2.4　草图实例 3

草图实例 3 图形和尺寸如图 2-18 所示。

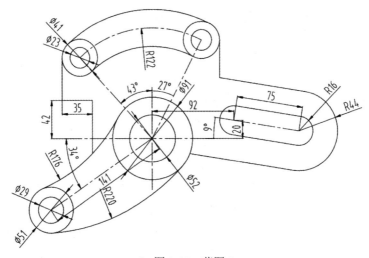

◆ 图 2-18　草图 3

绘制草图 3 的操作步骤如下：

(1) 创建名为"caotu3"的部件并进入建模界面，设置 21 层为工作层。

(2) 进入草图界面。选择菜单【插入】→【在任务环境中绘制草图】，单击鼠标中键，默认其参数设置以 XC-YC 平面为草图平面。

(3) 单击 按钮，关闭连续自动标注尺寸，使绘图界面更简洁。

(4) 绘制圆。按下键盘"O"键绘制两个圆，按下键盘"D"键标注尺寸 p0=91.0、p1=52.0，两圆圆心均在坐标原点，如图 2-19 所示。

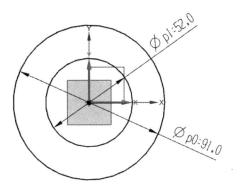

◆ 图 2-19 绘制圆

(5) 绘制辅助直线和圆弧。按下键盘"L"键绘制三条直线，按下键盘"D"键标注角度或长度 p2=34.0、p3=141.0、p4=43.0、p5=27.0。按下键盘"A"键绘制圆弧，约束该圆弧和直径为 91 圆弧同心，按下键盘"D"键标注半径 p6=122.0，并利用 工具将该步绘制的直线和圆弧转化为参考线，如图 2-20 所示。

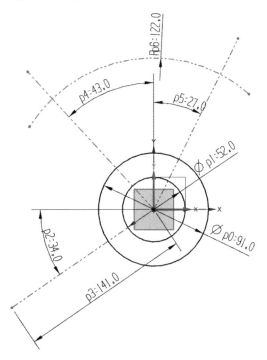

◆ 图 2-20 绘制辅助直线和圆弧

(6) 绘制圆。按下键盘 "O" 键分别在 R122 圆弧与两直线交点及长度为 p3=141.0 直线一端点处绘制圆，按下键盘 "D" 键标注尺寸 p7=41.0、p8=23.0、p9=41.0、p10=23.0、p11=51.0、p12=29.0，如图 2-21 所示。

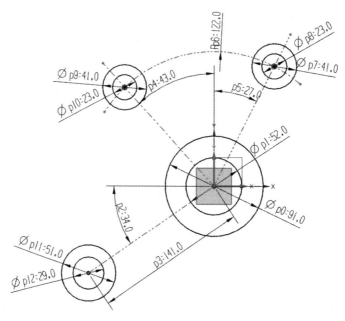

◆ 图 2-21 绘制圆

(7) 绘制圆弧。按下键盘 "A" 键绘制与直径为 41 的两圆均相切的圆弧，如图 2-22 所示。

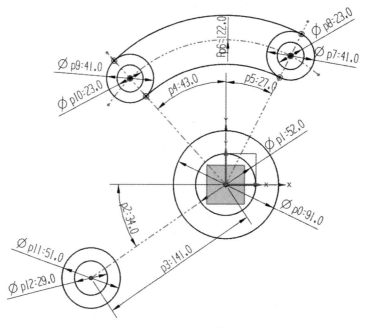

◆ 图 2-22 绘制圆弧

(8) 绘制圆弧。按下键盘 "A" 键绘制与直径为 51、91 的两圆均相切的圆弧，按下键盘 "D" 键标注两圆弧半径 p13=176.0、p14=220.0，如图 2-23 所示。

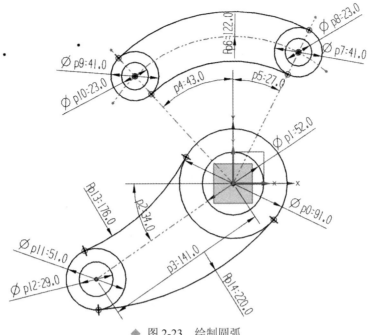

◆ 图 2-23　绘制圆弧

(9) 绘制直线。按下键盘"L"键绘制三条直线，按下键盘"D"键标注尺寸 p15=42.0、p16=35.0，如图 2-24 所示。

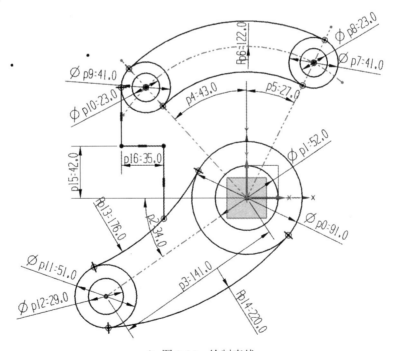

◆ 图 2-24　绘制直线

(10) 绘制中心线。按下键盘"L"键绘制直线，按下键盘"D"键标注角度和尺寸 p17=92.0、p18=20.0、p19=75.0、p20=9.0，利用 工具将该步绘制的直线转化为参考线，如图 2-25 所示。

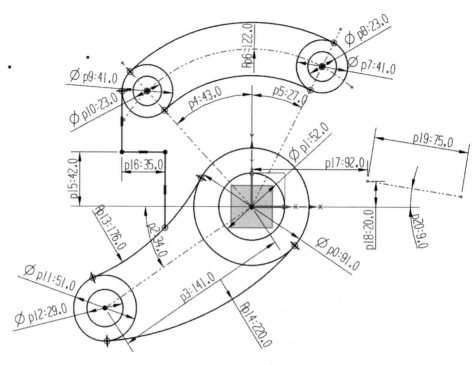

◆ 图 2-25　绘制中心线

(11) 绘制直线和圆弧。按下键盘"L"键绘制一竖直直线和一倾斜直线，约束倾斜直线和上一步绘制的中心线相平行，按下键盘"A"键绘制圆弧，约束其圆心和中心线的一端点重合，按下键盘"D"键标注半径 p21=44.0，如图 2-26 所示。

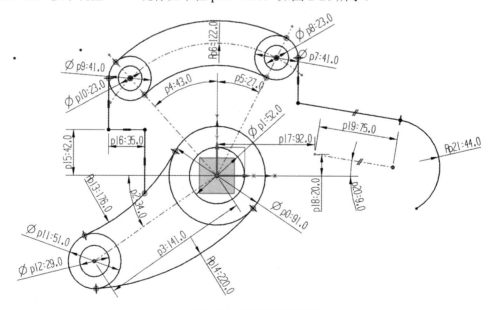

◆ 图 2-26　绘制直线和圆弧

(12) 绘制直线。按下键盘"L"键绘制直线，约束该直线与 R44 圆弧相切，另一端点位于直径为 91 的圆上且与第 (11) 步绘制的中心线相平行，如图 2-27 所示。

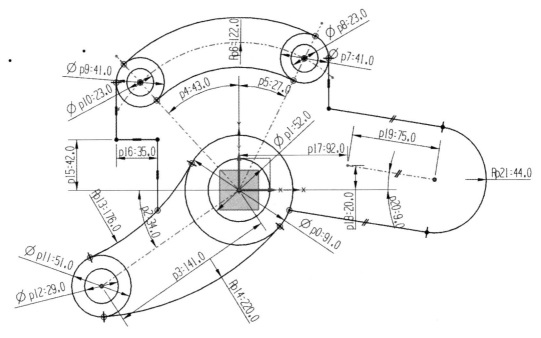

◆ 图 2-27 绘制直线

(13) 绘制圆弧。按下键盘"A"键绘制圆弧，约束该圆弧与 R44 圆弧同心，然后按下键盘"D"键标注半径 p22=16.0，如图 2-28 所示。

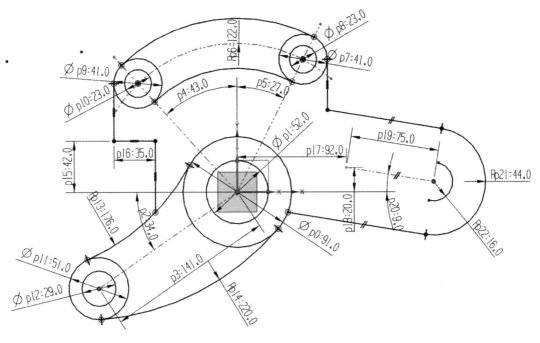

◆ 图 2-28 绘制圆弧

(14) 绘制直线。按下键盘"L"键绘制直线，约束该直线与第 (10) 步绘制的中心线等长及平行，如图 2-29 所示。

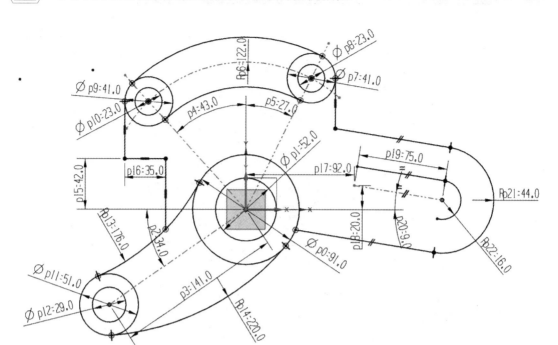

◆ 图 2-29　绘制直线

(15) 绘制直线和圆弧。参照第 (13)、(14) 步绘制剩下的圆弧及直线，施加相应的几何约束，如图 2-30 所示。

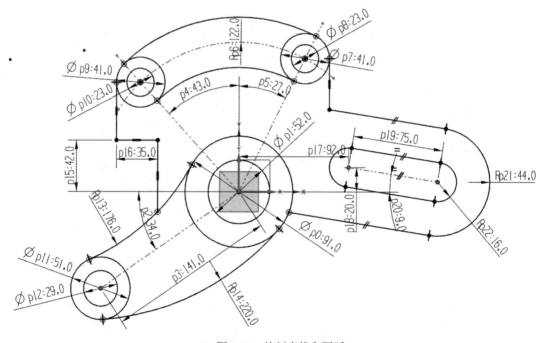

◆ 图 2-30　绘制直线和圆弧

(16) 按 "Ctrl+Q" 组合键退出草图模块，窗口退回到建模界面，草图 3 完成图如图 2-31 所示，保存文件。

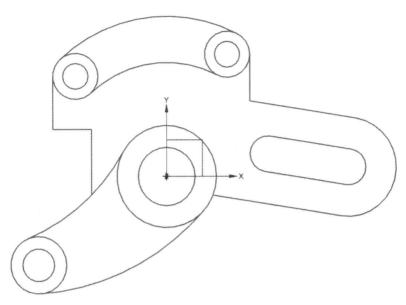

◆ 图 2-31　草图 3 完成图

2.5　草图综合练习

本模块主要介绍了 UG NX12.0 草图设计与编辑的一般方法和步骤。在绘制草图时应按照草图绘制口诀来画，尽量使用快捷键及推断式菜单加快绘制速度。约束草图时尽量使用智能约束，即用左键直接选取要约束的对象，而不要使用约束命令。另外，基准坐标系已提供了三个基准面、三个基准轴、一个点，绘制草图时可以直接选择相应基准元素约束草图，对于与坐标轴重合或平行的辅助线，在绘制草图时可不用画出。下面是 4 个草图综合练习实例，供大家巩固与提高。

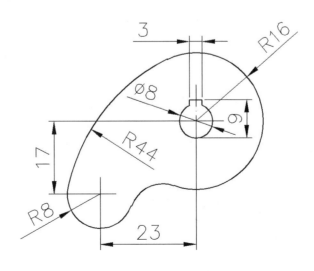

◆ 图 2-32　草图综合练习 1

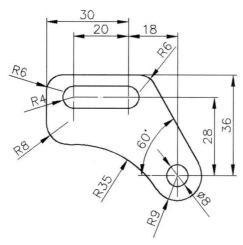

◆ 图 2-33　草图综合练习 2

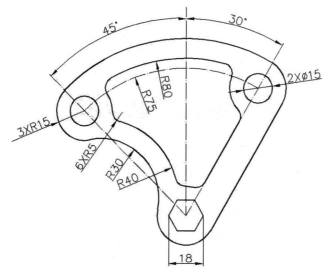

◆ 图 2-34　草图综合练习 3

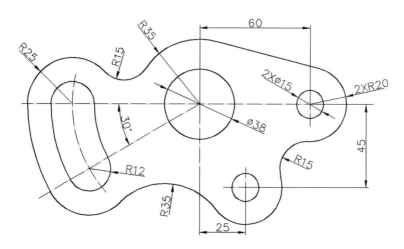

◆ 图 2-35　草图综合练习 4

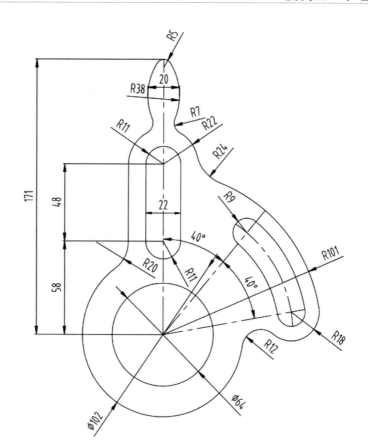

◆ 图 2-36 草图综合练习 5

模块三　实体造型设计

本模块主要讲述实体模型的创建，主要内容包括体素特征、扫掠特征、特征编辑与操作、细节特征等。建模过程可仿真加工过程"开粗→半精加工→精加工"进行建模，即在分析图形组成、读懂图纸的基础上，利用拉伸、旋转等扫掠命令或者使用方块、圆柱、球等体素特征创建实体毛坯，再利用修剪体、拔模等命令对实体毛坯进行"半精加工"，最后在实体上创建各种孔、键槽、壳、圆角、倒角等"精加工"细节特征；先做加材料部分，后做减材料部分。对该部分的学习，大家应在理解并掌握各命令操作的基础上，多加练习，才能熟能生巧，实现量变到质变。

【学习目标】

(1) 掌握在实体造型设计中体素特征、扫掠特征等基本建模工具的应用及操作方法。
(2) 掌握实体模型创建时特征编辑与操作工具的应用和操作方法。
(3) 掌握实体模型创建时细节特征的创建方法和技巧。

3.1　平口虎钳零件设计

3.1.1　底座设计

底座工程图如图 3-1 所示。

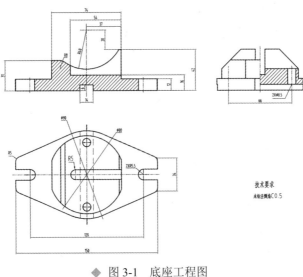

◆ 图 3-1　底座工程图

底座工程图的建模步骤如下：

(1) 新建文件。选择工具栏中的 📄新建 或按组合键"Ctrl+N"，在【新建】对话框中，模板选择【模型】，默认单位为 mm，在名称栏输入"dizuo"，文件夹设置为 E:\pingkouhuqian，单击【确定】按钮或鼠标中键退出【新建】对话框。

(2) 绘制俯视图草图。按快捷键"Ctrl+L"，在【图层设置】对话框中，设置 21 层为工作层，在工作图层中输入 21 后按回车键，再单击鼠标中键，退出【图层设置】对话框。选择菜单【插入】→【在任务环境中绘制草图】，直接单击鼠标中键，默认以 XC-YC 平面为草图平面、X 轴为水平参考绘制如图 3-2 所示的草图。该草图外圈轮廓上下、左右均对称，外圈轮廓可画四分之一镜像。

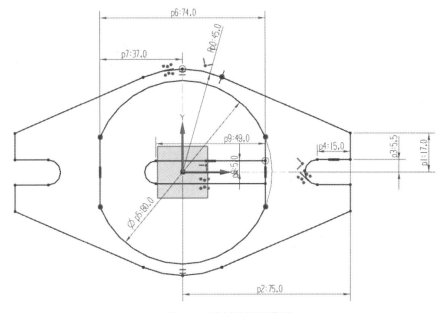

◆ 图 3-2　绘制俯视图草图

(3) 创建拉伸特征 1。按快捷键"Ctrl+L"，在【图层设置】对话框中，设置 1 层为工作层，单击特征工具条中的拉伸图标 或按快捷键 X，曲线规则选择 相连曲线 ，拉伸俯视图草图外轮廓，拉伸方向为 +Z 方向，开始距离为 0，结束距离为 12 mm，如图 3-3 所示。

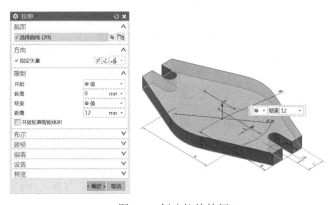

◆ 图 3-3　创建拉伸特征 1

(4) 创建拉伸特征 2。单击特征工具条中的拉伸图标⊞或按快捷键 "X"，曲线规则选择 相连曲线 · ，拉伸内侧轮廓，拉伸方向为 +Z 方向，开始距离为 0，结束距离为 50 mm，这里的拉伸高度应大于或等于下底座高度，并与第 (3) 步拉伸实体求和，如图 3-4 所示。

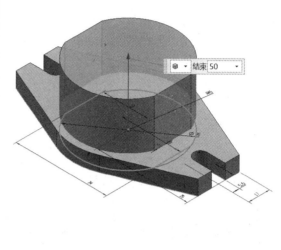

◆ 图 3-4　创建拉伸特征 2

(5) 绘制前视图修剪草图。按快捷键 "Ctrl+L" 在【图层设置】对话框中，设置 22 层为工作层，选择菜单【插入】→【在任务环境中绘制草图】，选择 XC-ZC 面为草图放置面，建立的草图如图 3-5 所示。

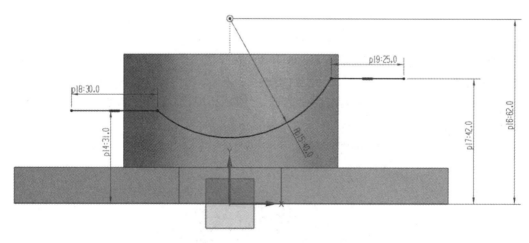

◆ 图 3-5　绘制前视图修剪草图

(6) 创建拉伸曲面。按快捷键 "Ctrl+L" 在【图层设置】对话框中，设置 81 层为工作层，单击特征工具条中的拉伸图标⊞或按快捷键 X，曲线规则选择 相连曲线 · ，选取第 (5) 步创建的草图曲线，拉伸方向为 +Y 轴，对称拉伸，距离为 62(该距离值比圆柱半径大即可)，如图 3-6 所示。

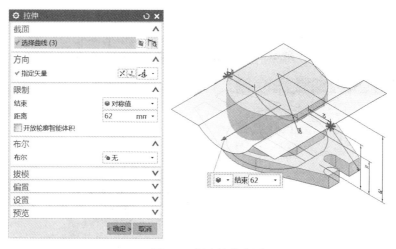

◆ 图 3-6　创建拉伸曲面

(7) 修剪体。单击特征工具条中的修剪体图标，目标选择底座实体，工具选择第 (6) 步拉伸生成的片体，单击【确定】按钮或者单击鼠标中键，利用修剪体命令修剪掉底座上半部分材料，如图 3-7 所示。

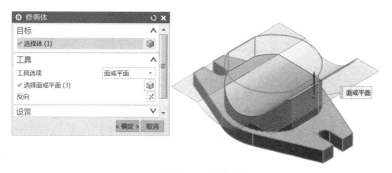

◆ 图 3-7　修剪体

(8) 倒 R8 圆角。单击特征工具条上的边倒圆图标，选择如图 3-8 所示高亮显示的一条边，设置圆角半径为 8 mm，单击【确定】按钮或单击鼠标中键。

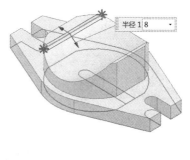

◆ 图 3-8　倒 R8 圆角

(9) 创建槽特征。单击特征工具条中的拉伸图标▦或按快捷键"X"，曲线规则选择 相连曲线 ，并按下相交处停止图标 ，拉伸图中的高亮显示轮廓，拉伸方向为 +Z 方向，开始值为 16 mm，结束值为 50 mm，并与底座实体求差，如图 3-9 所示。

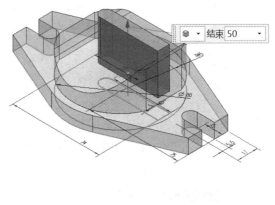

◆ 图 3-9　创建槽特征

(10) 创建腔体。选择菜单【插入】→【设计特征】→【腔体】或单击特征工具条上的 图标▦，选择底座底面为腔体放置面，选择水平参考为 +Y 方向，腔体长度为 100 mm，宽度为 14 mm，深度为 6 mm，利用两次线落到线上工定义腔体位置，约束腔体的两条中心线分别和 X、Y 轴重合，如图 3-10 所示。

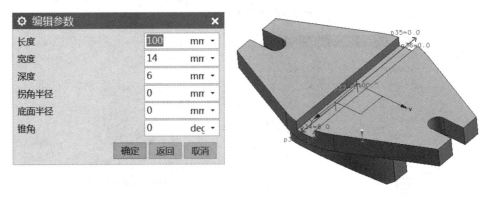

◆ 图 3-10　创建腔体

(11) 打孔。单击特征工具条上的孔图标▦，孔的放置面选择第 (10) 步创建槽的底座底面，贯通面选择第 (7) 步修剪后的圆弧面，定义孔的直径为 8.5 mm，利用点落在线上工定义孔圆心在 Y 轴上，再利用垂直▦定义到 X 轴距离为 33，如图 3-11 所示。

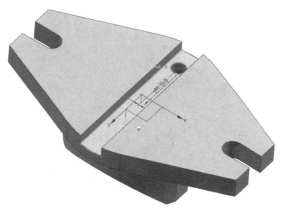

◆ 图 3-11 打孔

(12) 镜像孔。选择菜单【插入】→【关联复制】→【镜像特征】，要镜像的特征选择第 (11) 步创建的孔，镜像平面为 XC-ZC 面，单击【确定】按钮或单击鼠标中键，如图 3-12 所示。

◆ 图 3-12 镜像孔

(13) 倒 R5 圆角。单击特征工具条上的边倒圆图标，选择如图 3-13 所示的四条边线，设置圆角半径为 5 mm，单击【确定】按钮或单击鼠标中键。

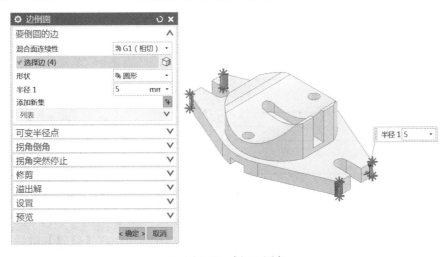

◆ 图 3-13 倒 R5 圆角

(14) 保存文件。按快捷键"Ctrl+L"，在【图层设置】对话框中，设置 1 层为工作层，关闭其他图层，单击鼠标中键退出【图层设置】对话框，按快捷键"Ctrl+S"保存文件，如图 3-14 所示。

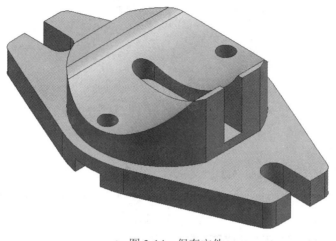

◆ 图 3-14　保存文件

3.1.2　动座设计

动座工程图如图 3-15 所示。

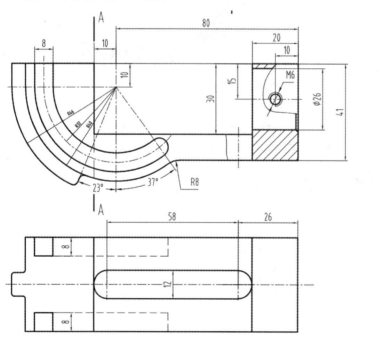

◆ 图 3-15　动座工程图

动座工程图的设计步骤如下：

(1) 新建文件。选择工具栏中的 📄 或按组合键"Ctrl+N"，在【新建】对话框中，模板选择【模型】，默认单位为mm，在名称栏输入"dongzuo"，文件夹设置为 E:\pingkouhuqian，单击【确定】按钮或单击鼠标中键，退出对话框。

(2) 绘制前视图草图。按快捷键 "Ctrl+L"，在【图层设置】对话框中，设置 21 层为工作层，再单击鼠标中键，退出【图层设置】对话框。选择菜单【插入】→【在任务环境中绘制草图】，选择 XC-ZC 平面为草图平面，绘制如图 3-16 所示的草图。

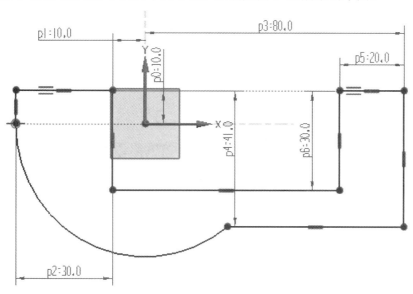

◆　图 3-16　绘制前视图草图

(3) 创建拉伸特征。按快捷键 "Ctrl+L"，在【图层设置】对话框中，设置 1 层为工作层，单击鼠标中键退出【图层设置】对话框，单击特征工具条中的拉伸图标 或按快捷键 "X"，曲线规则选择 相连曲线 ，选择第 (2) 步绘制的草图曲线，拉伸方向为 +Y 方向，对称拉伸距离为 20 mm，如图 3-17 所示。

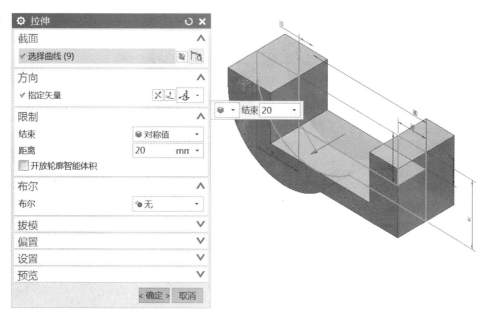

◆　图 3-17　创建拉伸特征

(4) 绘制草图二。按快捷键"Ctrl+L"，在【图层设置】对话框中，设置 22 层为工作层，单击鼠标中键，退出【图层设置】对话框，选择菜单【插入】→【在任务环境中绘制草图】，在 XC-ZC 平面建立草图二，如图 3-18 所示。

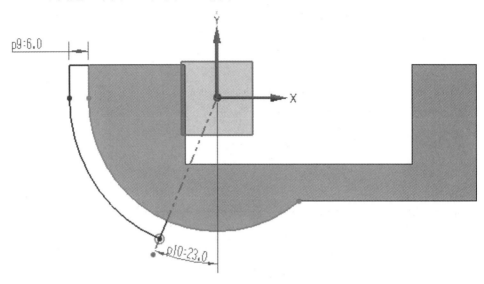

◆ 图 3-18　绘制草图二

(5) 创建拉伸特征。单击特征工具条中的拉伸图标 或按快捷键"X"，曲线规则选择 相连曲线 ，并按下相交处停止图标 ，拉伸如图 3-19 所示的高亮显示截面，对称拉伸距离为 5，并与第 (2) 步拉伸的实体求和。

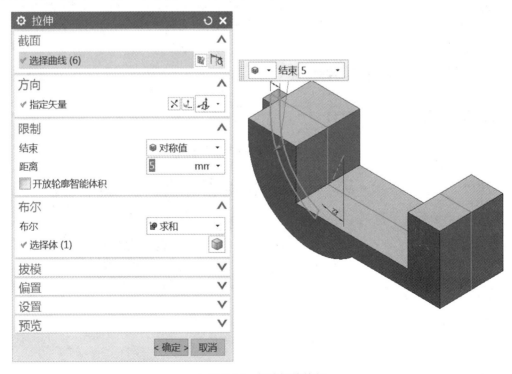

◆ 图 3-19　创建拉伸特征

(6) 绘制草图三。按快捷键"Ctrl+L"，在【图层设置】对话框中，设置 23 层为工作层后按回车键，单击鼠标中键，退出【图层设置】对话框。选择菜单【插入】→【在任务环境中绘制草图】，在 XC-ZC 平面建立草图三，如图 3-20 所示。

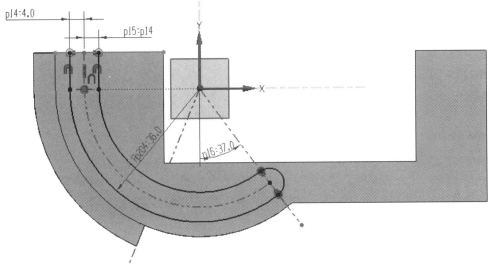

◆ 图 3-20　绘制草图三

(7) 创建拉伸切除特征。单击特征工具条中的拉伸图标 📖 或按快捷键"X"，曲线规则选择 相连曲线，并按下相交处停止图标 ⯊，拉伸如图 3-21 所示的高亮显示截面，起始值为 12，结束值为 20，并与前面创建的实体求差。

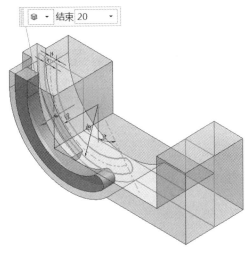

◆ 图 3-21　创建拉伸切除特征

(8) 镜像拉伸切除特征。选择菜单【插入】→【关联复制】→【镜像特征】，要镜像的特征选择第 (7) 步创建的拉伸切除特征，镜像平面选择 XZ 平面，单击【确定】按钮或单击鼠标中键，如图 3-22 所示。

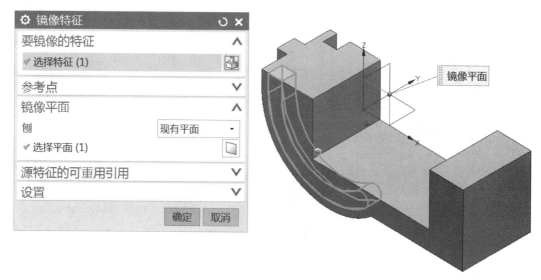

◆ 图 3-22　镜像拉伸切除特征

(9) 创建槽。单击特征工具条上的键槽图标 ■，选择类型为矩形槽，选择动座底部平面为键槽放置面，水平参考为 +X 轴，定义键槽的长度为 70，宽度为 12，深度为 100(深度应该够大，以保证把动座挖穿)，定位时先利用线落到线上图标 工 约束腔体的一条中心线和 X 轴重合，再利用垂直图标 ■ 约束另一中心线距放置面的一边线距离为 35(长度 70 的一半)，如图 3-23 所示。

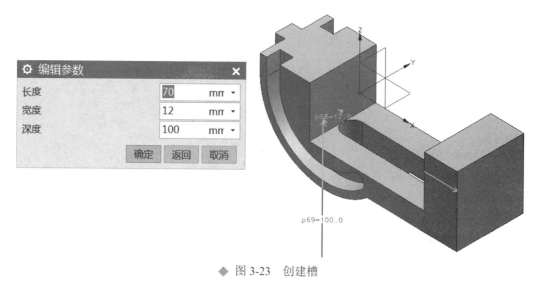

◆ 图 3-23　创建槽

(10) 打 Ø26 孔。单击特征工具条上的孔图标 ■，孔的放置面选择图 3-24 所示的高亮显示截面，贯通面选择与之相对的一面，定义孔的直径为 26，利用点落在线上图标 ⊥ 定义孔圆心在 Z 轴上，再利用垂直图标 ■ 定义到上边线距离为 15，如图 3-24 所示。

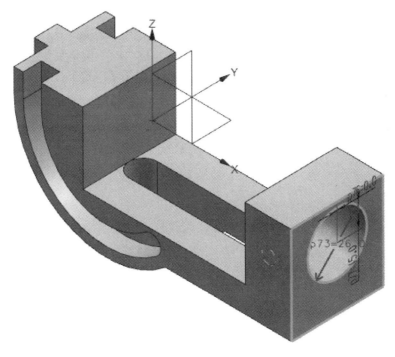

◆ 图 3-24　打 Ø26 孔

(11) 打 M6 螺纹孔。单击特征工具条上的孔图标 ，选择类型为螺纹孔，孔的方向垂直于面，螺纹大小为 M6×1.0，深度类型为定制，深度限制为"直至下一个"，定位尺寸水平方向为 10，垂直方向为 15，如图 3-25 所示。

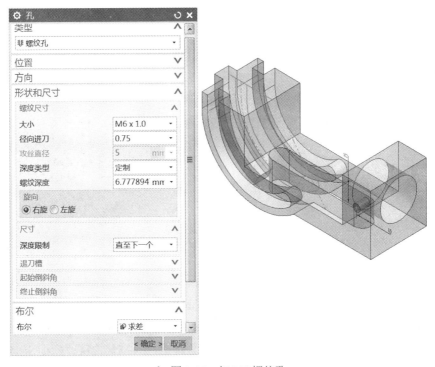

◆ 图 3-25　打 M6 螺纹孔

(12) 倒圆角。单击特征工具条上的边倒圆图标 🔲，选择如图 3-26(a) 所示的 4 条边线，设置圆角半径为 1，单击添加"新集"按钮 🔆；选择如图 3-26(a) 所示的 2 条边线，设置圆角半径为 2，单击【确定】按钮或单击鼠标中键。按"F4"键重复使用边倒圆命令，选择如图 3-26(b) 所示的两条边线，设置圆角半径为 8，单击【确定】按钮或单击鼠标中键。

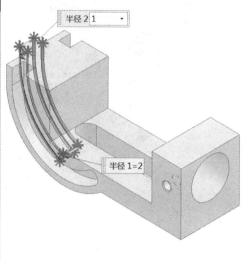

(a) 倒 R1、R2 圆角

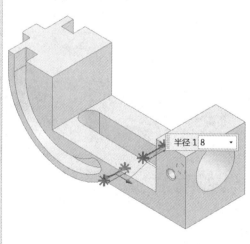

(b) 倒 R8 圆角

◆ 图 3-26　倒圆角

(13) 保存文件。按快捷键"Ctrl+L"，在【图层设置】对话框中，设置 1 层为工作层，关闭其他图层，单击鼠标中键，退出【图层设置】对话框。按快捷键"Ctrl+S"保存文件，如图 3-27 所示。

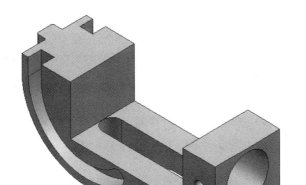

◆ 图 3-27 保存文件

3.1.3 连杆设计

连杆工程图如图 3-28 所示。

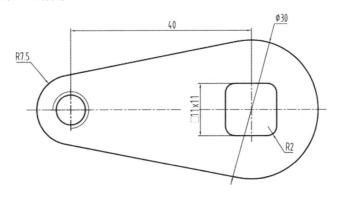

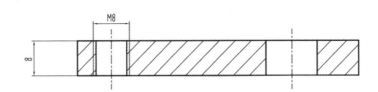

技术要求

1. 未标注倒角为 C0.5

2. 连杆厚度为 8mm

◆ 图 3-28 连杆工程图

连杆工程图的设计步骤如下：

(1) 新建文件。选择工具栏中的 📄 或按组合键 "Ctrl+N"，在【新建】对话框中，模板选择【模型】，默认单位为 mm，在名称栏输入 "liangan"，文件夹设置为 E:\pingkouhuqian，单击【确定】按钮或单击鼠标中键，退出对话框。

(2) 绘制草图。按快捷键 "Ctrl+L"，在【图层设置】对话框中，设置 21 层为工作层，在工作图层输入 21 后按回车键，再单击鼠标中键，退出【图层设置】对话框。选择菜单【插入】→【在任务环境中绘制草图】，选择 XC-YC 平面为草图平面，绘制如图 3-29 所示的草图。

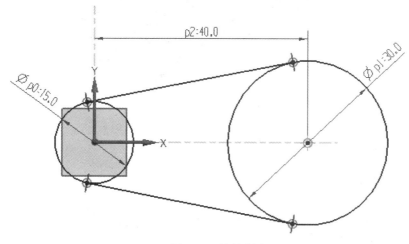

◆ 图 3-29　绘制草图

(3) 创建拉伸特征。按快捷键 "Ctrl+L"，在【图层设置】对话框中，设置 1 层为工作层，单击鼠标中键，退出【图层设置】对话框。单击特征工具条中的拉伸图标 📖 或按快捷键 "X"，曲线规则选择 [相连曲线 ▼]，并单击相交处停止图标 🔲，拉伸如图 3-30 所示的高亮显示截面，起始值为 0，结束值为 8 mm，如图 3-30 所示。

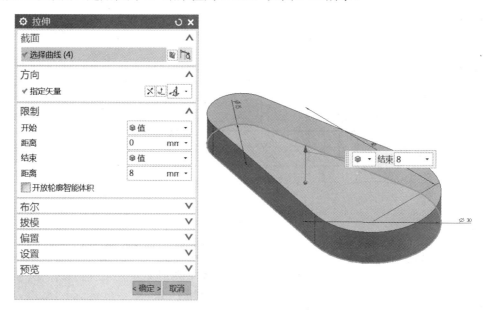

◆ 图 3-30　创建拉伸特征

(4) 打 M8 螺纹孔。单击特征工具条上的孔图标 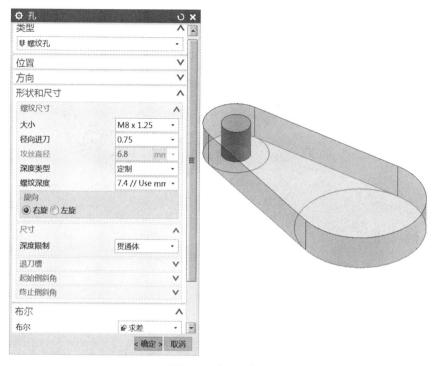，选择类型为螺纹孔，孔的方向垂直于面，螺纹大小为 M8×1.25，深度类型选择贯通体，位置选择直径 15 圆弧圆心，布尔（操作默认）为求差，如图 3-31 所示。

◆　图 3-31　打 M8 螺纹孔

(5) 创建腔体。选择菜单【插入】→【设计特征】→【腔体】或单击特征工具条上的图标 ，选择连杆上平面为腔体放置面，选择水平参考为 +X 方向，腔体长度为 11，宽度为 11，深度为 8，拐角半径设为 2。首先利用线落到线上图标 工 定义腔体一中心线与 X 轴重合，再利用垂直图标 定义 Y 轴到另一中心线距离为 40，如图 3-32 所示。

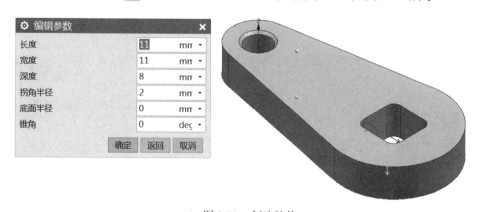

◆　图 3-32　创建腔体

(6) 保存文件。按快捷键"Ctrl+L"，在【图层设置】对话框中，设置 1 层为工作层，关闭其他图层，单击鼠标中键，退出【图层设置】对话框。按快捷键"Ctrl+S"保存文件，如图 3-33 所示。

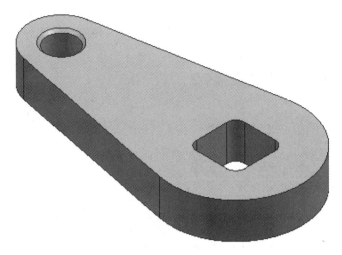

◆ 图 3-33　保存文件

3.1.4　手柄设计

手柄工程图如图 3-34 所示。

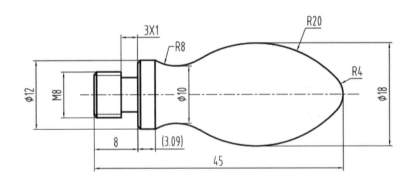

◆ 图 3-34　手柄工程图

手柄工程图的设计步骤如下：

(1) 新建文件。选择工具栏中的 📄 或按组合键"Ctrl+N"，在【新建】对话框中，模板选择【模型】，默认单位为mm，在名称栏输入"shoubing"，文件夹设置为E:\pingkouhuqian，单击【确定】按钮或单击鼠标中键，退出对话框。

(2) 创建圆柱。单击特征工具条上的圆柱图标🛢，指定矢量为 XC，指定点默认为坐标原点，输入直径为 8，高度为 8，单击【确定】按钮或单击鼠标中键，完成圆柱的创建，如图 3-35 所示。

◆ 图 3-35　创建圆柱

(3) 创建槽。单击特征工具条上的槽图标🛢，选择类型为矩形，输入槽直径为 6，宽度为 3，放置面选择第 (2) 步创建圆柱的圆柱面，选择圆柱顶部边线和槽对应一侧边线，输入距离为 0，单击【确定】按钮，如图 3-36 所示。

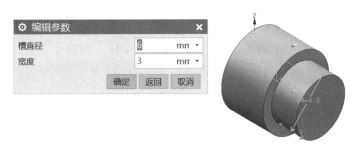

◆ 图 3-36　创建槽特征

(4) 创建凸台。单击特征工具条上的圆台图标🔩，输入直径为 12，高度为 3.09，锥角为 0，选择如图 3-37 所示的圆柱顶面为圆台放置面，单击鼠标中键，选择点落在点上图标✒定位方式，选择放置面上的整圆，然后单击鼠标中键默认以圆弧中心定义圆台位置，如图 3-37 所示。

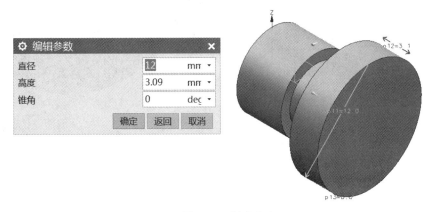

◆ 图 3-37　创建凸台

(5) 绘制回转草图。按快捷键"Ctrl+L"，在【图层设置】对话框中，设置 21 层为工作层，在工作图层输入 21 后按回车键，再单击鼠标中键，退出【图层设置】对话框。选择菜单【插入】→【在任务环境中绘制草图】，选择 XC-YC 平面为草图平面，绘制如图 3-38 所示的草图。

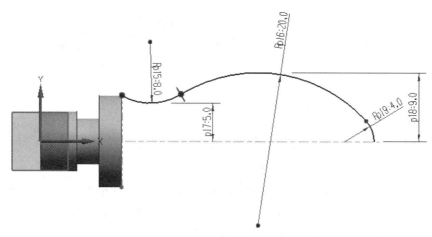

◆ 图 3-38 绘制回转草图

(6) 创建回转特征。单击特征工具条上的回转图标🍳，选择第 (5) 步绘制的草图曲线，回转轴选择 XC 轴，选择布尔为求和，单击【确定】按钮，如图 3-39 所示。

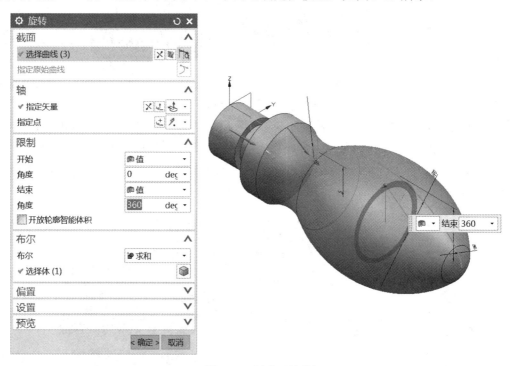

◆ 图 3-39 创建回转特征

(7) 创建外螺纹。选择菜单【插入】→【设计特征】→【螺纹】，选择螺纹类型为符号，选择手柄头部圆柱面，单击【确定】按钮，如图 3-40 所示。

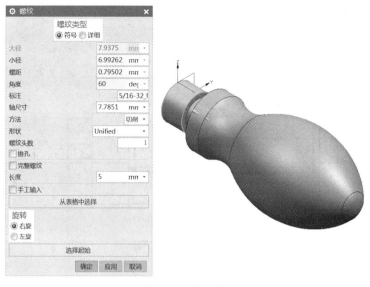

◆ 图 3-40　创建外螺纹

(8) 倒斜角。单击特征工具条上倒斜角图标■，选择如图 3-41 所示的两条边，输入距离为 0.5，单击【确定】按钮，绘制如图 3-41 所示的草图。

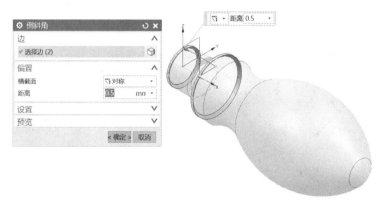

◆ 图 3-41　倒斜角

(9) 保存文件。按快捷键"Ctrl+L"，在【图层设置】对话框中，设置 1 层为工作层，关闭其他图层，单击鼠标中键，退出【图层设置】对话框。按快捷键"Ctrl+S"保存文件，如图 3-42 所示。

◆ 图 3-42　保存文件

3.1.5 丝杠设计

丝杠工程图如图 3-43 所示。

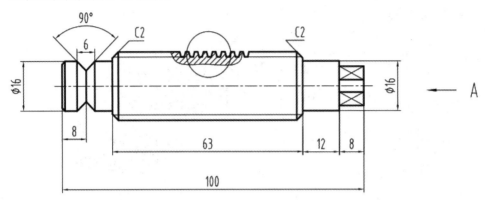

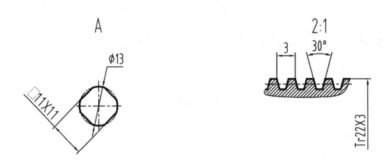

技术要求

未标注倒角C0.5

◆ 图 3-43 丝杠工程图

丝杠工程图的设计步骤如下：

(1) 新建文件。选择工具栏中的 ██ 或按组合键 "Ctrl+N"，在【新建】对话框中，模板选择【模型】，默认单位为mm，在名称栏输入 "sigang"，文件夹设置为 E:\pingkouhuqian，单击【确定】按钮或单击鼠标中键，退出对话框。

(2) 创建圆柱 1。单击特征工具条上的圆柱图标 ██，指定矢量为 XC，指定点默认为坐标原点，输入直径为 16，高度为 8，单击【确定】按钮或单击鼠标中键，完成圆柱 1 的创建，如图 3-44 所示。

◆ 图 3-44 创建圆柱 1

(3) 创建圆柱 2。单击特征工具条上的圆柱图标，指定矢量为 XC，指定点位于第 (2) 步创建的圆柱的顶面圆心，输入直径为 16，高度为 9，单击【确定】按钮或单击鼠标中键，完成圆柱 2 的创建，如图 3-45 所示。

◆ 图 3-45 创建圆柱 2

(4) 倒斜角。单击特征工具条上的倒斜角图标，选择如图 3-46 所示的两条边，输入距离为 3，单击【确定】按钮，绘制如图 3-46 所示的草图。

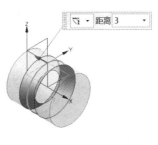

◆ 图 3-46 倒斜角

(5) 创建凸台 1。单击特征工具条上的圆台图标 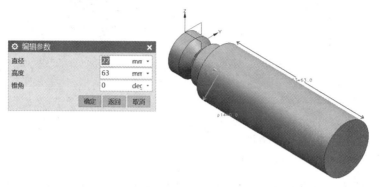，输入直径为 22，高度为 63，锥角为 0，选择如图 3-47 所示的圆柱顶面为圆台放置面，单击鼠标中键，选择点落在点上图标 ✦ 定位方式，选择放置面上的整圆，单击鼠标中键，默认以圆弧中心定义圆台位置，如图 3-47 所示。

◆ 图 3-47 创建凸台 1

(6) 创建凸台 2。单击特征工具条上的圆台图标 ，输入直径为 16，高度为 12，锥角为 0，选择如图 3-48 所示的圆柱顶面为圆台放置面，单击鼠标中键，选择点落在点上图标 ✦ 定位方式，选择放置面上的整圆，单击鼠标中键，默认以圆弧中心定义圆台位置，如图 3-48 所示。

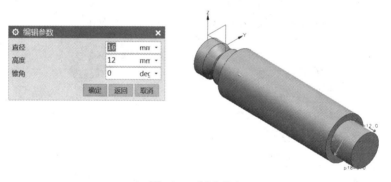

◆ 图 3-48 创建凸台 2

(7) 求和。单击特征工具条上的求和图标 ，目标选择第 (2) 步创建的体，工具选择后面创建的体，单击【确定】按钮，如图 3-49 所示。

◆ 图 3-49 求和

(8) 创建圆柱 3。单击特征工具条上的圆柱图标，指定矢量为 XC，指定点位于第 (6) 步创建的圆台的顶面圆心，输入直径为 13，高度为 8，单击【确定】按钮或单击鼠标中键，完成圆柱 3 的创建，如图 3-50 所示。

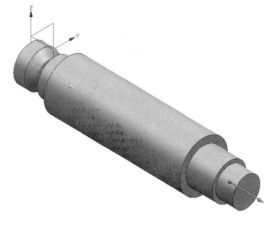

◆ 图 3-50　创建圆柱 3

(9) 绘制草图。按快捷键"Ctrl+L"，在【图层设置】对话框中，设置 21 层为工作层，在工作图层输入 21 后按回车键，再单击鼠标中键，退出【图层设置】对话框。选择菜单【插入】→【在任务环境中绘制草图】，选择第 (8) 步创建的圆柱顶面为草图平面，绘制如图 3-51 所示的草图。

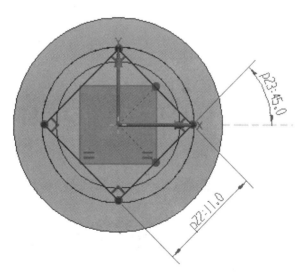

◆ 图 3-51　绘制草图

(10) 创建拉伸特征。按快捷键"Ctrl+L"，在【图层设置】对话框中，输入 1 层为工作层后按回车键，单击鼠标中键，退出【图层设置】对话框。单击特征工具条中的拉伸图标 或按快捷键"X"，曲线规则选择 相连曲线，拉伸第 (9) 步绘制的草图，起始值为 0，结束值为 8，选择布尔为求交，如图 3-52 所示。

 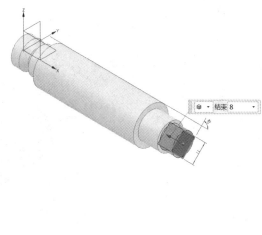

◆ 图 3-52　创建拉伸求交特征

(11) 求和。单击特征工具条上的求和图标🔧，目标选择如图 3-53 所示的高亮显示的体，工具选择第 (10) 步求交的体，单击【确定】按钮，如图 3-53 所示。

◆ 图 3-53　求和

(12) 创建梯形螺纹。选择菜单【插入】→【设计特征】→【螺纹】，选择螺纹类型为详细，输入螺纹小径为 18.5、长度为 65、螺距为 3、角度为 30，选择直径为 22 的圆柱面，单击【确定】按钮，如图 3-54(a)、(b) 所示。

(a) 螺纹参数

(b) 完成后的效果

◆ 图 3-54 创建梯形螺纹

(13) 倒斜角。单击特征工具条上的倒斜角图标 ，选择如图 3-55 所示的两条边，输入距离为 2，单击【确定】按钮，绘制如图 3-55 所示的草图。

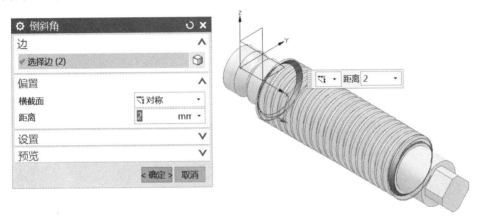

◆ 图 3-55 倒斜角

(14) 保存文件。按快捷键 "Ctrl+L"，在【图层设置】对话框中，设置 1 层为工作层，关闭其他图层，单击鼠标中键，退出【图层设置】对话框。按快捷键 "Ctrl+S" 保存文件，如图 3-56 所示。

◆ 图 3-56 保存文件

3.1.6 丝杠螺母设计

丝杠螺母工程图如图 3-57 所示。

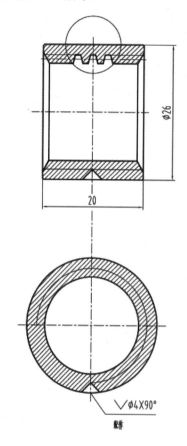

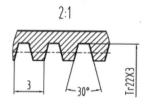

2:1

技术要求

未标注倒角C0.5

◆ 图 3-57 丝杠螺母工程图

丝杠螺母工程图的设计步骤如下：

(1) 新建文件。选择工具栏中的 📄新建 或按组合键"Ctrl+N"，在【新建】对话框中，模板选择【模型】，默认单位为 mm，在名称栏输入"siangluomu"，文件夹设置为 E:\pingkouhuqian，单击【确定】按钮或鼠标中键，退出对话框。

(2) 创建圆柱 1。单击特征工具条上的圆柱图标 🛢，指定矢量为 XC，指定点默认为坐标原点，输入直径为 26，高度为 20，单击【确定】按钮或单击鼠标中键，完成圆柱 1 的创建，如图 3-58 所示。

◆ 图 3-58　创建圆柱 1

(3) 打 Ø18.5 孔。单击特征工具条上的孔图标 🗔，定义孔的直径为 18.5，孔的放置面选择圆柱的一个底面，贯通面选择圆柱的另一个底面，单击鼠标中键，选择点落在点上图标 ✓ 定位方式，选择放置面上的整圆，单击鼠标中键，默认以圆弧中心定义孔位置，如图 3-59 所示。

◆ 图 3-59　打 Ø18.5 孔

(4) 创建梯形螺纹。选择菜单【插入】→【设计特征】→【螺纹】，选择螺纹类型为详细，输入螺纹大径为 22、小径为 18.5、长度为 23、螺距为 3、角度为 30，选择第 (2) 步创建的打孔圆柱面，单击【确定】按钮，如图 3-60(a)、(b) 所示。

(a) 螺纹参数　　　　　　　　　　　(b) 完成后效果

◆ 图 3-60　创建梯形螺纹

(5) 创建圆锥。单击特征工具条上的圆锥图标🔺，指定矢量为YC，指定点为(10, 0, -13)，输入底部直径为 4 mm，顶部直径为 0，半角为 45，选择布尔为求差，单击【确定】按钮或单击鼠标中键，完成圆锥的创建，如图 3-61 所示。

◆ 图 3-61　创建圆锥

(6) 倒斜角。单击特征工具条上的倒斜角图标，选择如图 3-62 所示的两条边，输入距离为 0.5，单击【确定】按钮，绘制如图 3-62 所示的草图。

◆ 图 3-62　倒斜角

(7) 保存文件。按快捷键"Ctrl+L"，在【图层设置】对话框中，设置 1 层为工作层，关闭其他图层，单击鼠标中键，退出【图层设置】对话框。按快捷键"Ctrl+S"保存文件，如图 3-63 所示。

◆ 图 3-63　保存文件

3.1.7　压块设计

压块工程图如图 3-64 所示。

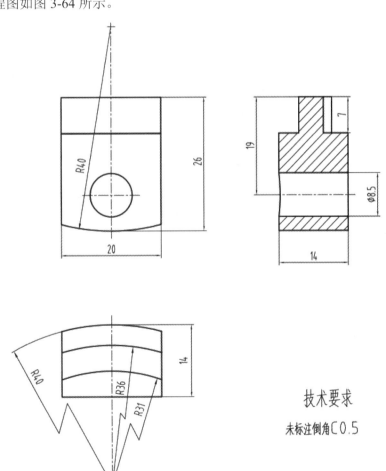

技术要求

未标注倒角 C0.5

◆ 图 3-64　压块工程图

压块工程图的设计步骤如下：

(1) 新建文件。选择工具栏中的 📄 或按组合键"Ctrl+N"，在【新建】对话框中，模板选择【模型】，默认单位为mm，在名称栏输入"yakuai"，文件夹设置为 E:\pingkouhuqian，单击【确定】按钮或单击鼠标中键，退出对话框。

(2) 绘制草图。按快捷键"Ctrl+L"，在【图层设置】对话框中，设置 21 层为工作层，在工作图层输入 21 后按回车键，再单击鼠标中键，退出【图层设置】对话框。选择菜单【插入】→【在任务环境中绘制草图】，选择 XC-YC 平面为草图平面，绘制如图 3-65 所示的草图。

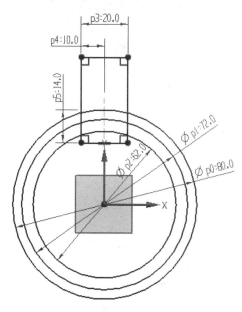

◆ 图 3-65　绘制草图

(3) 创建拉伸特征 1。按快捷键"Ctrl+L"，在【图层设置】对话框中，设置 1 层为工作层后按回车键，单击鼠标中键，退出【图层设置】对话框。单击特征工具条中的拉伸图标 🛢 或按快捷键"X"，曲线规则选择 相连曲线，并按下相交处停止图标 ✝，拉伸如图 3-6 所示的高亮显示截面，开始距离为 0，结束距离为 19，如图 3-66 所示。

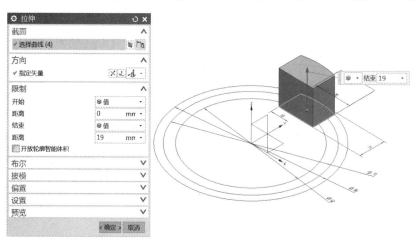

◆ 图 3-66　创建拉伸特征 1

(4) 创建拉伸特征 2。单击特征工具条上的拉伸图标 ▥ 或按快捷键 "X"，曲线规则选择 相连曲线 ▾ ，并按下相交处停止图标 ╫ ，拉伸如图 3-67 所示的高亮显示截面，开始距离为 0，结束距离为 26，与第 (3) 步拉伸实体求和，如图 3-67 所示。

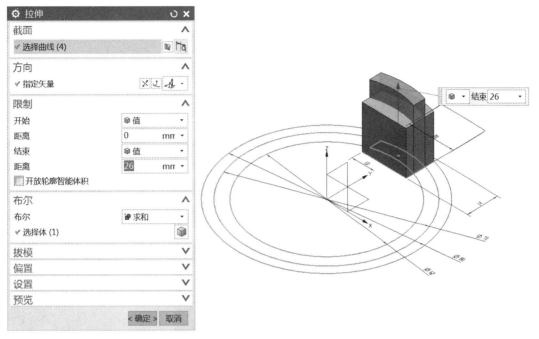

◆ 图 3-67　创建拉伸特征 2

(5) 创建圆柱。单击特征工具条上的圆柱图标 ▮，指定矢量为 Y 轴，指定点设置为 $(0, 0, 40)$，输入直径为 80，高度为 100，单击【确定】按钮或单击鼠标中键，完成圆柱的创建，如图 3-68 所示。

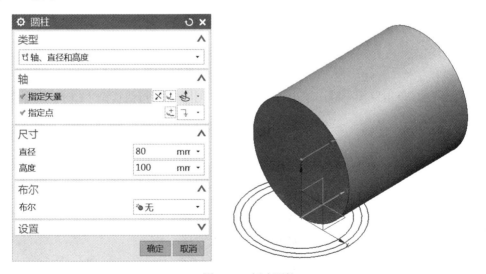

◆ 图 3-68　创建圆柱

(6) 求交。单击特征工具条上的求交图标 ▧，目标选择第 (3)、第 (4) 步创建的实体，工具选择第 (5) 步创建的圆柱，单击【确定】按钮或单击鼠标中键，如图 3-69 所示。

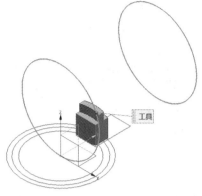

◆ 图 3-69　求交

(7) 打 Ø8.5 孔。单击特征工具条上的孔图标 ，孔的放置面选择如图 3-70 所示的高亮显示截面，贯通面选择与之相对的一面，定义孔的直径为 8.5，利用点落在线上图标 ⟂ 定义孔圆心在 Z 轴上，再利用垂直图标 定义到 X 轴距离为 7，如图 3-70 所示。

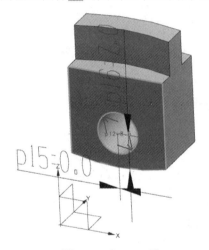

◆ 图 3-70　打 Ø8.5 孔

(8) 保存文件。按快捷键 "Ctrl+L"，在【图层设置】对话框中，设置 1 层为工作层，关闭其他图层，单击鼠标中键，退出【图层设置】对话框。按快捷键 "Ctrl+S" 保存文件，如图 3-71 所示。

◆ 图 3-71　保存文件

3.2　汽缸零件设计

3.2.1　汽缸设计

汽缸工程图如图 3-72 所示。

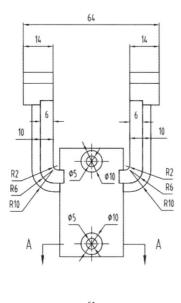
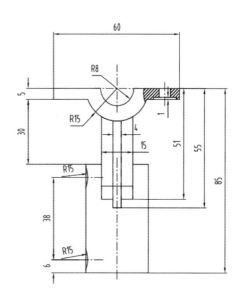
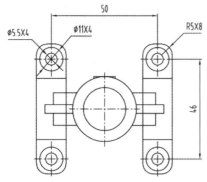
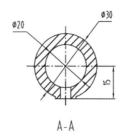

◆ 图 3-72　汽缸工程图

汽缸工程图的设计步骤如下：

(1) 新建文件。选择工具栏中的 新建 或按组合键"Ctrl+N"，在【新建】对话框中，模板选择【模型】，默认单位为 mm，在名称栏输入"qigang"，文件夹设置为 E:\qigang，单击【确定】按钮或单击鼠标中键，退出对话框。

(2) 创建圆柱 1。单击特征工具条上的圆柱图标 ，指定矢量为 ZC，指定点默认为坐标原点，输入直径为 30，高度为 50，单击【确定】按钮或单击鼠标中键，完成圆柱 1 的创建，如图 3-73 所示。

◆ 图 3-73　创建圆柱 1

(3) 创建圆柱 2。按"F4"键重复使用圆柱命令 ，指定矢量为 -YC，指定点设置为 (0，0，6)，输入直径为 10，高度为 15，与第 (2) 步创建的圆柱 1 求和，单击【确定】按钮或单击鼠标中键完成圆柱 2 的创建，如图 3-74 所示。

◆ 图 3-74　创建圆柱 2

(4) 创建圆柱 3。按"F4"键重复使用圆柱图标 ，指定矢量为 -YC，指定点设置为 (0，0，44)，输入直径为 10，高度为 15，与前面创建的实体求和，单击【确定】按钮或单击鼠标中键，完成圆柱 3 的创建。

(5) 绘制草图。按快捷键"Ctrl+L"，在【图层设置】对话框中，设置 21 层为工作层，在工作图层输入 21 后按回车键，再单击鼠标中键，退出【图层设置】对话框。选择菜单【插入】→【在任务环境中绘制草图】，选择 XC-ZC 平面为草图平面，绘制如图 3-75 所示的草图。

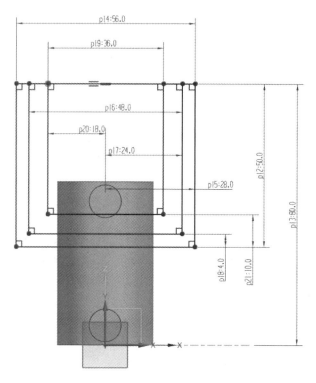

◆ 图 3-75　绘制草图

(6) 创建拉伸特征 1。按快捷键"Ctrl+L"，在【图层设置】对话框中，设置 1 层为工作层后按回车键，单击鼠标中键，退出【图层设置】对话框。单击特征工具条中的拉伸图标 或按快捷键"X"，曲线规则选择 相连曲线 ，并按下相交处停止图标 ，拉伸如图 3-76 所示的高亮显示截面，对称拉伸距离为 7.5，如图 3-76 所示。

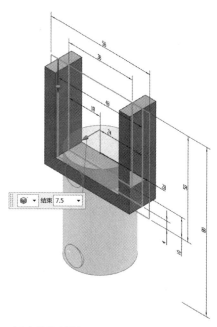

◆ 图 3-76　创建拉伸特征 1

(7) 创建拉伸特征 2。单击特征工具条上的拉伸图标 ▦ 或按快捷键 "X"，曲线规则选择 [相连曲线 ⌄]，并按下相交处停止图标 ▦，拉伸如图 3-77 所示的高亮显示截面，对称拉伸，结束距离值为 2，与第 (6) 步创建的拉伸实体求和，如图 3-77 所示。

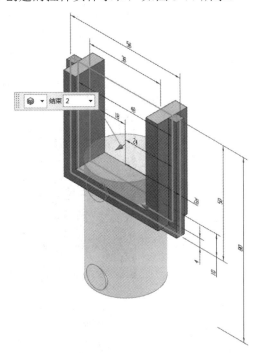

◆ 图 3-77 创建拉伸特征 2

(8) 求和。单击特征工具条上的求和图标 ▦，目标选择为圆柱，工具选择为拉伸体，单击【确定】按钮，如图 3-78 所示。

◆ 图 3-78 求和

(9) 倒圆角 (R10、R6、R2)。单击特征工具条上的边倒圆图标 ▦，选择如图 3-79 所示的拉伸特征上的 2 条边，设置圆角半径 1 为 10，分别单击 "添加新集" 按钮 ▦，选择倒圆角边，设置相应圆角半径 2 为 6，单击【确定】按钮或单击鼠标中键，如图 3-79 所示。

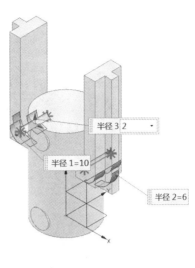

◆ 图 3-79　倒圆角 (R10、R6、R2)

(10) 创建垫块。单击工具条上的垫块图标 🔲，选择类型为矩形，放置面选择实体最高面，设置水平参考为 +Y 轴，长度为 60，宽度为 14，高度为 5。利用 2 次线落到线上图标 ⊥ 定义腔体位置，约束垫块的一中心线和 X 轴、垫块一边线和已有拉伸特征一边线分别重合，如图 3-80 所示。

◆ 图 3-80　创建垫块

(11) 创建圆柱 4。单击特征工具条上的圆柱图标 🔲，指定矢量为 +XC，指定点设置上一步创建的垫块一的边线中点，输入直径为 30，高度为 14，与已有实体求和，单击【确定】按钮或单击鼠标中键，完成圆柱 4 的创建，如图 3-81 所示。

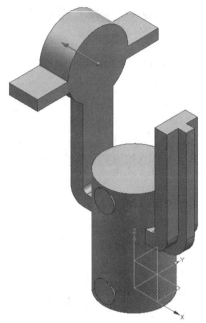

◆ 图 3-81　创建圆柱 4

(12) 修剪体。单击特征工具条上的修剪体图标 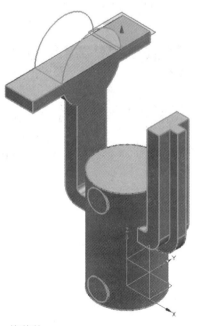，目标选择已创建的实体，选择工具选项为新建平面，选择垫块上表面修剪掉第 (10) 步创建的圆柱上半部分材料，单击【确定】按钮或单击鼠标中键，完成修剪体的创建，如图 3-82 所示。

◆ 图 3-82　修剪体

(13) 镜像特征。选择菜单【插入】→【关联复制】→【镜像特征】，再选择要镜像的垫块、圆柱特征，镜像平面为 YC-ZC 面，单击【确定】按钮或单击鼠标中键，完成镜像特征创建，结果如图 3-83 所示。

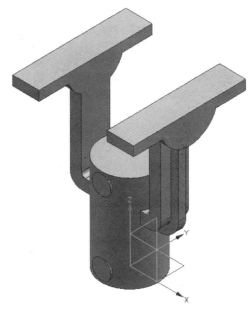

◆ 图 3-83　镜像特征

(14) 打 Ø16 孔。单击特征工具条上的孔图标 🔲，孔的放置面选择一侧修剪后的圆柱顶面，贯通面选择与之相对的另一侧圆柱顶面，定义孔的直径为 16，单击鼠标中键，选择点落在点图标上 🔲 定位方式，选择放置面上的半圆，单击鼠标中键，默认以圆弧中心定义孔位置，如图 3-84 所示。

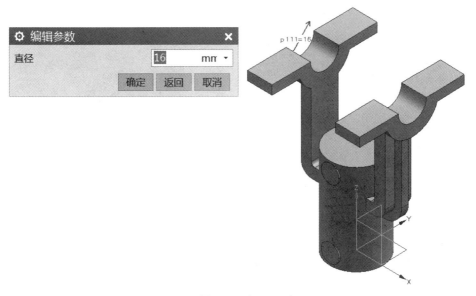

◆ 图 3-84　打 Ø16 孔

(15) 打 Ø20 孔。单击特征工具条上的孔图标 🔲，孔的放置面选择竖直圆柱顶面，贯通面选择竖直圆柱底面，定义孔的直径为 20，单击鼠标中键，选择点落在点上图标 🔲 定位方式，选择放置面上的整圆，单击鼠标中键，默认以圆弧中心定义孔位置，如图 3-85 所示。

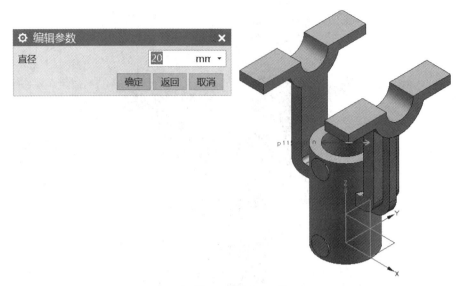

◆ 图 3-85 打 Ø20 孔

(16) 打两个 Ø5 孔。单击特征工具条上的孔图标 ，选择类型为常规孔，孔的方向垂直于面，设置直径为 5，深度限制为"直至下一个"，位置分别选择 2 个直径为 10 的圆柱顶面圆心，如图 3-86 所示。

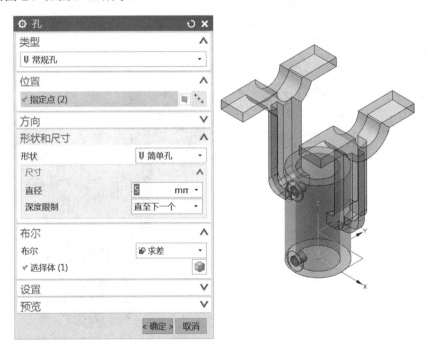

◆ 图 3-86 打两个 Ø5 孔

(17) 打沉头孔。单击特征工具条上的孔图标 ，选择孔类型为沉头孔 ，再选择垫块下底面为沉头孔放置面，垫块顶面为贯通面，设置沉头直径为 11 mm、沉头深度为 1、孔径为 5.5，如图 3-87 所示。分别利用垂直图标 约束孔中心到 X、Y 轴距离分别为 23、25，单击【确定】按钮或单击鼠标中键，完成打沉头孔的创建。

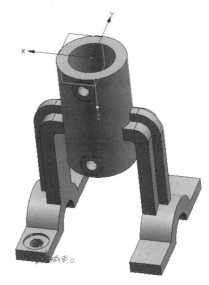

◆ 图 3-87　打沉头孔

(18) 阵列沉头孔。单击特征工具条上的阵列特征图标，选择第 (16) 步创建的沉头孔为要形成阵列的特征，方向一设定为 Y 方向，数量为 2，节距为 46；方向二设定为 −X 方向，数量为 2，节距为 50，如图 3-88 所示。单击【确定】按钮或单击鼠标中键，完成沉头孔阵列特征的创建。

◆ 图 3-88　阵列沉头孔

(19) 倒圆角 (R5)。单击特征工具条上的边倒圆图标，选择如图 3-89 所示的垫块上的 4 条边，设置圆角半径为 5，单击【确定】按钮或单击鼠标中键，完成倒圆角，如图 3-89 所示。

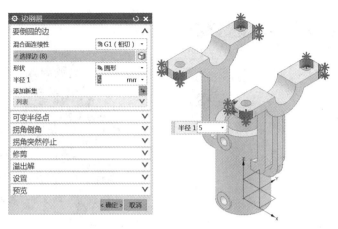

◆ 图 3-89　倒圆角 (R5)

(20) 保存文件。按快捷键"Ctrl+L"，在【图层设置】对话框中，设置 1 层为工作层，关闭其他图层，单击鼠标中键，退出【图层设置】对话框。按快捷键"Ctrl+S"保存文件，如图 3-90 所示。

◆ 图 3-90　保存文件

3.2.2　带轮设计

带轮工程图如图 3-91 所示。

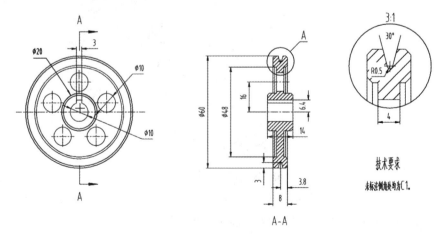

◆ 图 3-91　带轮工程图

带轮工程图的设计步骤如下：

(1) 新建文件。选择工具栏中的 ![新建] 或按组合键"Ctrl+N"，在【新建】对话框中，模板选择【模型】，默认单位为 mm，在名称栏输入"dailun"，文件夹设置为 E:\qigang，单击【确定】按钮或单击鼠标中键，退出对话框。

(2) 绘制草图。按快捷键"Ctrl+L"，在【图层设置】对话框中，设置 21 层为工作层，在工作图层输入 21 后按回车键，再单击鼠标中键，退出【图层设置】对话框。选择菜单【插入】→【在任务环境中绘制草图】，选择 XC-ZC 平面为草图平面，绘制如图 3-92 所示的草图。

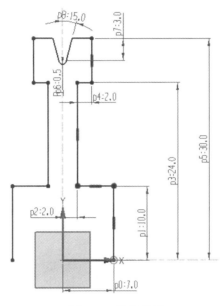

◆ 图 3-92 绘制草图

(3) 创建回转特征。单击工具条上的回转图标 ![回转]，曲线规则选择 [相连曲线 ▾]，选择第 (2) 步绘制的草图曲线，指定矢量为 +X 轴，开始角度为 0，结束角度为 360，单击【确定】按钮或单击鼠标中键，完成回转特征的创建，如图 3-93 所示。

◆ 图 3-93 创建回转特征

(4) 偏置面。选择菜单【插入】→【偏置 / 缩放】→【偏置面】，选择带轮右侧面，输入偏置值 0.2，保证右侧面向内侧偏置，单击【确定】按钮，如图 3-94(a) 所示；按 "F4" 键重复偏置面命令，选择带轮左侧面，输入偏置值 0.2，保证左侧面向外侧偏置，单击【确定】按钮，如图 3-94(b) 所示。

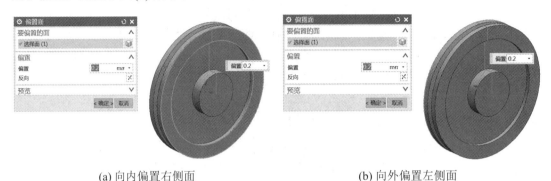

(a) 向内偏置右侧面　　　　　　　　(b) 向外偏置左侧面

◆ 图 3-94　偏置面

(5) 打 Ø10 孔。单击特征工具条上的孔图标，孔的放置面选择如图 3-95 所示的高亮显示截面，贯通面选择与之相对的一面，定义孔的直径为 10，利用点落在线上图标定义孔圆心在 Z 轴上，再利用垂直图标定义到 Y 轴距离为 16，如图 3-95 所示。

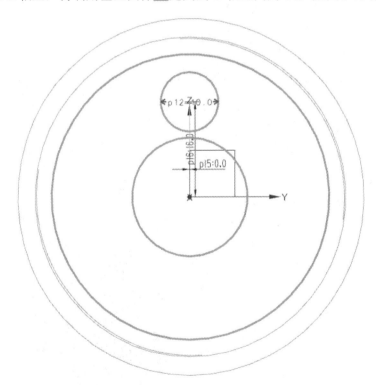

◆ 图 3-95　打 Ø10 孔

(6) 阵列孔。单击特征工具条上的阵列特征图标，选择第 (5) 步创建的孔为要形成阵列的特征，设定旋转轴为 +X 轴，指定点为坐标原点，数量为 5，节距角为 360/5，如图 3-96 所示，单击【确定】按钮或单击鼠标中键，完成阵列孔特征的创建。

◆ 图 3-96　阵列孔

(7) 打 Ø10 孔。单击特征工具条上的孔图标 ，孔的放置面选择带轮中间圆柱面，贯通面选择与之相对的一面，定义孔的直径为 10，选择点落在点上图标 定位方式，选择放置面上的整圆，单击鼠标中键，默认以圆弧中心定义孔位置，如图 3-97 所示。

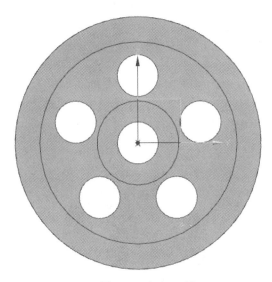

◆ 图 3-97　打 Ø10 孔

(8) 创建腔体。选择菜单【插入】→【设计特征】→【腔体】或单击特征工具条上的图标 ，选择带轮中间圆柱面为放置面，选择水平参考为 +Z 轴，腔体长度为6.4、宽度为3、深度为14。首先利用线落到线上图标 定义腔体一中心线与 Z 轴重合，再利用线落到线上图标 定义腔体一边线与 Y 轴重合，如图 3-98 所示。

◆ 图 3-98　创建腔体

(9) 倒斜角。单击特征工具条上的倒斜角图标 ，选择如图 3-99 所示的 6 条边，输入距离为 1，单击【确定】按钮，绘制如图 3-99 所示的草图。

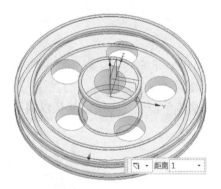

◆ 图 3-99　倒斜角

(10) 保存文件。按快捷键 "Ctrl+L"，在【图层设置】对话框中，设置 1 层为工作层，关闭其他图层，单击鼠标中键，退出【图层设置】对话框，按快捷键 "Ctrl+S" 保存文件，如图 3-100 所示。

◆ 图 3-100　保存文件

3.2.3 活塞设计

活塞、键、销子工程图如图 3-101 所示。

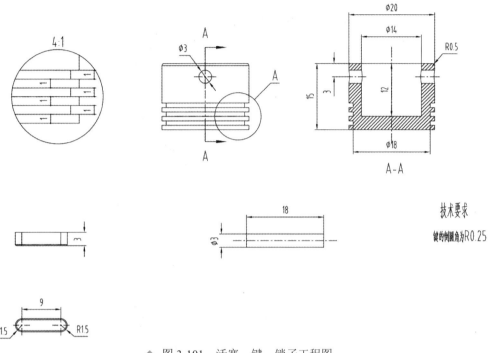

技术要求

键的倒圆角为R0.25

◆ 图 3-101 活塞、键、销子工程图

活塞、键、销子工程图的设计步骤如下：

(1) 新建文件。选择工具栏中的 ⬚ 或按组合键"Ctrl+N"，在【新建】对话框中，模板选择【模型】，默认单位为 mm，在名称栏输入"huosai"，文件夹设置为 E:\qigang，单击【确定】按钮或单击鼠标中键，退出对话框。

(2) 创建圆柱。单击特征工具条上的圆柱图标 ⬚，指定矢量为 ZC，指定点默认为坐标原点，输入直径为 20，高度为 15，单击【确定】按钮或单击鼠标中键，完成圆柱的创建，如图 3-102 所示。

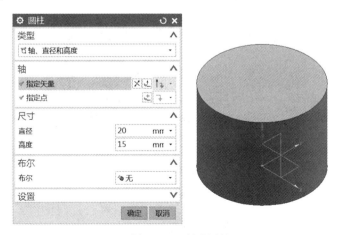

◆ 图 3-102 创建圆柱

(3) 打 Ø10 孔。单击特征工具条上的孔图标 🧊，选择孔的放置面为圆柱顶面，定义孔的直径为 14，深度为 12，顶锥角为 0，单击鼠标中键后选择点落在点上图标 ✒️ 定位方式，选择放置面上的整圆，单击鼠标中键，默认以圆弧中心定义孔位置，如图 3-103 所示。

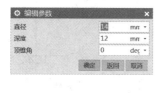

◆ 图 3-103　打 Ø10 孔

(4) 创建槽。单击特征工具条上的槽图标 🧊，类型选择矩形，输入槽直径为 18，宽度为 1，放置面选择第 (3) 步创建的圆柱的圆柱面，选择圆柱底部边线和槽对应一侧边线，输入距离为 1，单击【确定】按钮，如图 3-104 所示。

◆ 图 3-104　创建槽

(5) 阵列槽。单击特征工具条上的阵列特征图标 🧊，选择第 (4) 步创建的槽为要形成阵列的特征，指定矢量为 +Z 轴，数量为 3，节距为 2，如图 3-105 所示。单击【确定】按钮或单击鼠标中键，完成阵列槽特征的创建。

◆ 图 3-105　阵列槽

(6) 绘制草图。按快捷键"Ctrl+L"，在【图层设置】对话框中，设置21层为工作层，在工作图层输入21后按回车键，再单击鼠标中键，退出【图层设置】对话框。选择菜单【插入】→【在任务环境中绘制草图】，选择YC-ZC平面为草图平面，绘制如图3-106所示的草图。

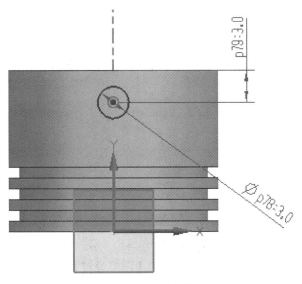

◆ 图 3-106　绘制草图

(7) 创建拉伸特征。按快捷键"Ctrl+L"，在【图层设置】对话框中，设置1层为工作层后按回车键，单击鼠标中键，退出【图层设置】对话框。单击特征工具条中的拉伸图标 或按快捷键"X"，拉伸第(6)步绘制的圆，对称拉伸并与圆柱求差，如图3-107所示。

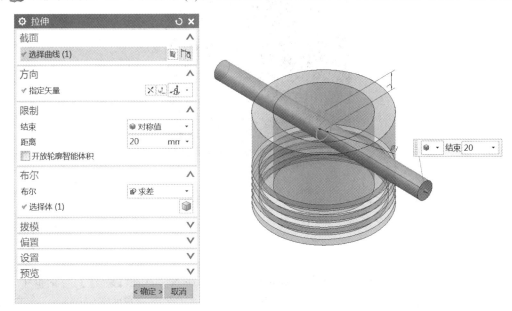

◆ 图 3-107　创建拉伸特征

(8) 倒R0.5圆角。单击特征工具条上的边倒圆图标 ，选择如图3-108所示的高亮显示边，设置圆角半径为0.5，单击【确定】按钮或单击鼠标中键。

◆ 图 3-108　倒 R0.5 圆角

(9) 保存文件。按快捷键"Ctrl+L"，在【图层设置】对话框中，设置 1 层为工作层，关闭其他图层，单击鼠标中键，退出【图层设置】对话框。按快捷键"Ctrl+S"保存文件，如图 3-109 所示。

◆ 图 3-109　保存文件

3.2.4　平键设计

平键的设计步骤如下：

(1) 新建文件。选择工具栏中的 ![新建] 或按组合键"Ctrl+N"，在【新建】对话框中，模板选择【模型】，默认单位为 mm，在名称栏输入"jian"，文件夹设置为 E:\qigang，单击【确定】按钮或单击鼠标中键，退出对话框。

(2) 创建方块。单击特征工具条上的块图标 ![块]，选择类型为原点和边长，指定点默认为坐标原点，长度为 12、宽度为 3、高度为 3，单击【确定】按钮或单击鼠标中键，完成方块的创建，如图 3-110 所示。

◆ 图 3-110 创建方块

(3) 倒圆角。单击特征工具条上的边倒圆图标 ，选择如图 3-111(a)、(b) 所示的高亮显示边，分别设置圆角半径为 1.5、0.25，单击【确定】按钮或单击鼠标中键，如图 3-111 所示。

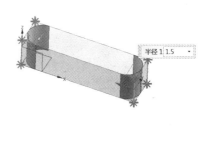

(a) 倒 R1.5 圆角

(b) 倒 R0.25 圆角

◆ 图 3-111 倒圆角

(3) 保存文件。按快捷键"Ctrl+L"，在【图层设置】对话框中，设置 1 层为工作层，关闭其他图层，单击鼠标中键，退出【图层设置】对话框。按快捷键"Ctrl+S"保存文件，如图 3-112 所示。

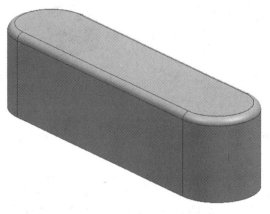

◆ 图 3-112　保存文件

3.2.5　连杆设计

连杆工程图如图 3-113 所示。

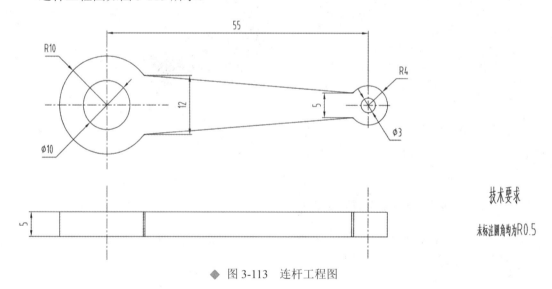

◆ 图 3-113　连杆工程图

连杆工程图的设计步骤如下：

(1) 新建文件。选择工具栏中的 🗋 或按组合键"Ctrl+N"，在【新建】对话框中，模板选择【模型】，默认单位为 mm，在名称栏输入"liangan"，文件夹设置为 E:\qigang，单击【确定】按钮或单击鼠标中键，退出对话框。

(2) 绘制草图。按快捷键"Ctrl+L"在【图层设置】对话框中，设置 21 层为工作层，在工作图层输入 21 后按回车键，再单击鼠标中键，退出【图层设置】对话框。选择菜单【插入】→【在任务环境中绘制草图】，单击鼠标中键，默认以 XC-YC 平面为草图平面，绘制如图 3-114 所示的草图。

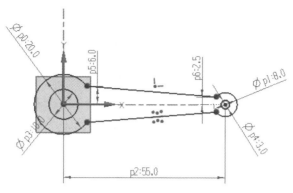

◆ 图 3-114　绘制草图

(3) 创建拉伸特征。按快捷键"Ctrl+L"，在【图层设置】对话框中，设置 1 层为工作层后按回车键，单击鼠标中键，退出【图层设置】对话框。单击特征工具条中的图标 📖 或按快捷键"X"，选择第 (2) 步绘制的草图曲线，拉伸方向为 +Z 方向，拉伸开始距离为 0、结束距离为 5，如图 3-115 所示。

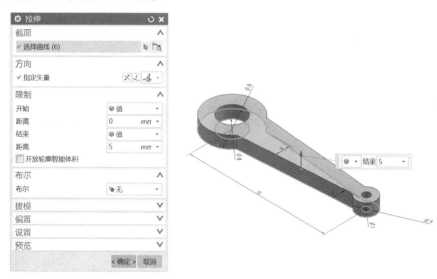

◆ 图 3-115　创建拉伸特征

(4) 保存文件。按快捷键"Ctrl+L"，在【图层设置】对话框中，设置 1 层为工作层，关闭其他图层，单击鼠标中键，退出【图层设置】对话框。按快捷键"Ctrl+S"保存文件，如图 3-116 所示。

◆ 图 3-116　保存文件

3.2.6 曲轴设计

曲轴工程图如图 3-117 所示。

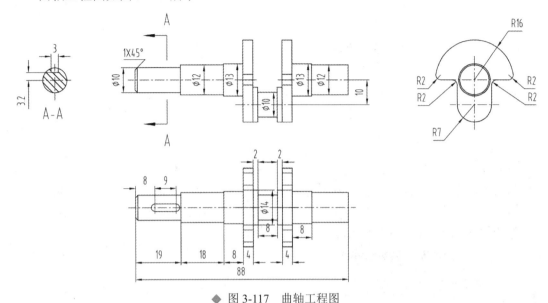

◆ 图 3-117 曲轴工程图

曲轴工程图的设计步骤如下：

(1) 新建文件。选择工具栏中的 ⬚新建 或按组合键"Ctrl+N"，在【新建】对话框中，模板选择【模型】，默认单位为 mm，在名称栏输入"quzhou"，文件夹设置为 E:\qigang，单击【确定】按钮或单击鼠标中键，退出对话框。

(2) 创建圆柱 1。单击特征工具条上的圆柱图标 🛢，指定矢量为 XC，指定点默认为坐标原点，输入直径为 10，高度为 19，单击【确定】按钮或单击鼠标中键，完成圆柱 1 的创建，如图 3-118 所示。

◆ 图 3-118 创建圆柱 1

(3) 创建凸台 1。单击特征工具条上的圆台图标 🗇，输入直径为 12，高度为 18，锥角为 0，选择如图 3-119 所示的圆柱顶面为圆台放置面，单击鼠标中键，选择点落在点上 ✦ 定位方式，选择放置面上的整圆，单击鼠标中键，默认以圆弧中心定义圆台位置，如图 3-119 所示。

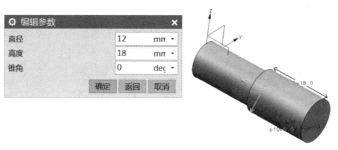

◆ 图 3-119　创建凸台 1

(4) 创建凸台 2。按"F4"键重复使用圆台图标 🔩，输入直径为 13，高度为 8，锥角为 0，选择第 (3) 步的创建的圆台顶面为圆台放置面，单击鼠标中键，选择点落在点上 ✧ 定位方式，选择放置面上的整圆，单击鼠标中键，默认以圆弧中心定义圆台位置，如图 3-120 所示。

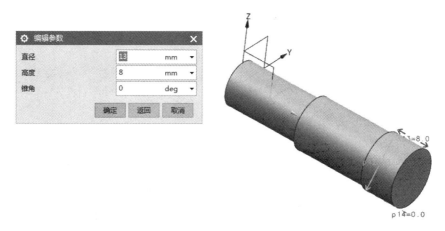

◆ 图 3-120　创建凸台 2

(5) 创建圆柱 2。单击特征工具条上的圆柱图标 🔲，指定矢量为 XC，指定点设置为上一步创建的圆台顶面圆心，输入直径为 32，高度为 4，单击【确定】按钮或单击鼠标中键，完成圆柱 2 的创建，如图 3-121 所示。

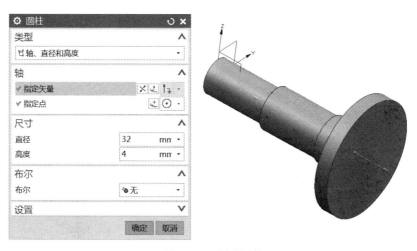

◆ 图 3-121　创建圆柱 2

(6) 修剪圆柱。单击特征工具条上的修剪体图标 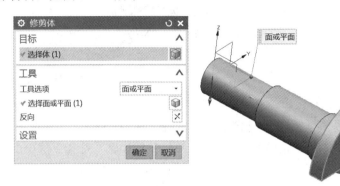，目标选择第 (5) 步创建的圆柱，工具选择 XC-YC 平面，单击【确定】按钮或者单击鼠标中键，利用修剪体命令修剪掉圆柱下半部分材料，如图 3-122 所示。

◆ 图 3-122　修剪圆柱

(7) 求和。单击特征工具条上的求和图标 ，目标选择圆柱及圆台，工具选择修剪后的圆柱，单击【确定】按钮，如图 3-123 所示。

◆ 图 3-123　求和

(8) 创建垫块。单击工具条上的垫块图标 ，选择类型为矩形，放置面选择第 (7) 步圆柱修剪后的平面，水平参考为 +Y 轴，长度为 14，宽度为 4，高度为 17，利用两次线落到线上 定义腔体位置，约束垫块的一中心线和 X 轴、垫块一边线和修剪后圆柱一边线分别重合，如图 3-124 所示。

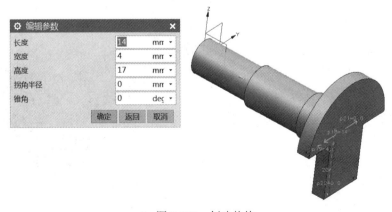

◆ 图 3-124　创建垫块

(9) 倒 (R2、R7) 圆角。单击特征工具条上的边倒圆图标 🔲，选择如图 3-125 所示的 4 条边线，设置圆角半径为 2，单击"添加新集"按钮 ✻，选择图 3-125 所示的两条边，设置圆角半径为 7，单击【确定】按钮或单击鼠标中键，如图 3-125 所示。

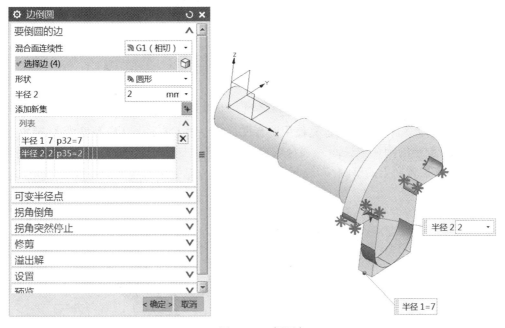

◆ 图 3-125　倒圆角

(10) 创建圆台 3。单击特征工具条上的圆台图标 🔲，输入直径为 14，高度为 2，锥角为 0，选择垫块上表面为圆台放置面，单击鼠标中键，选择点落在点上图标 ✎ 定位方式，选择放置面上的 R7 半圆，单击鼠标中键，默认以圆弧中心定义圆台位置，如图 3-126 所示。

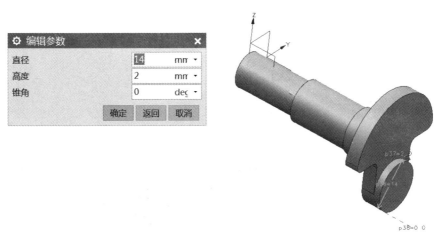

◆ 图 3-126　创建圆台 3

(11) 创建圆台 4。按"F4"键重复使用圆台图标 🔲，输入直径为 10，高度为 8，锥角为 0，选择第 (10) 步创建的圆台上表面为圆台放置面，单击鼠标中键，选择点落在点上图标 ✎ 定位方式，选择放置面上的整圆，单击鼠标中键，默认以圆弧中心定义圆台位置，如图 3-127 所示。

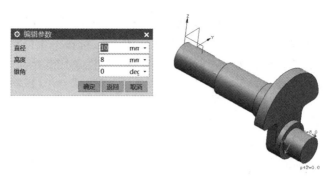

◆ 图 3-127　创建圆台 4

(12) 创建圆台 5。按"F4"键重复使用圆台图标 🔩，输入直径为 14，高度为 2，锥角为 0，选择第 (11) 步创建的圆台上表面为圆台放置面，单击鼠标中键，选择点落在点上图标 ✐ 定位方式，选择放置面上的整圆，单击鼠标中键，默认以圆弧中心定义圆台位置，如图 3-128 所示。

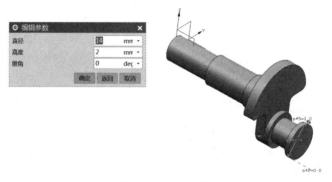

◆ 图 3-128　创建圆台 5

(13) 创建拉伸特征。单击特征工具条上的拉伸图标 🟫 或按快捷键"X"，选择如图 3-129 所示的高亮显示截面，设置方向为 +X 方向，设置开始距离为 16、结束距离为 20，并和已有的实体求和，如图 3-129 所示。

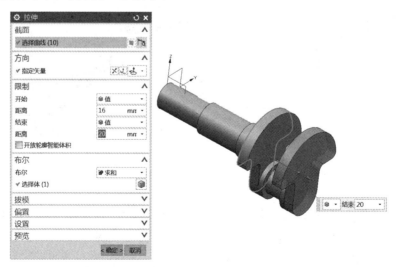

◆ 图 3-129　创建拉伸特征

(14) 创建圆台 6。单击特征工具条上的圆台图标 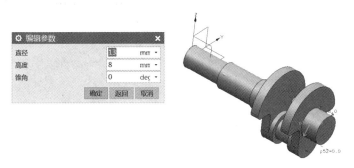，输入直径为 13，高度为 8，锥角为 0，选择第 (13) 步创建的拉伸体上表面为圆台放置面，单击鼠标中键，选择点落在点上图标 ↙ 定位方式，选择放置面上的半圆，单击鼠标中键，默认以圆弧中心定义圆台位置，如图 3-130 所示。

◆ 图 3-130 创建圆台 6

(15) 创建圆台 7。按"F4"键重复使用圆台图标 ，输入直径为 12，高度为 15，锥角为 0，选择第 (14) 步创建的圆台上表面为圆台放置面，单击鼠标中键，选择点落在点上图标 ↙ 定位方式，选择放置面上的整圆，单击鼠标中键，默认以圆弧中心定义圆台位置，如图 3-131 所示。

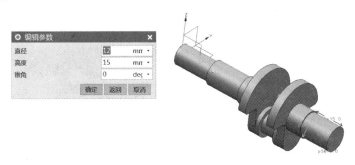

◆ 图 3-131 创建圆台 7

(16) 创建方块。单击特征工具条上的块图标 ，选择类型为原点和边长，指定点设置为 (6.5，-1.5，0)，长度为 12，宽度为 3，高度为 20，单击【确定】按钮或单击鼠标中键，完成方块的创建，如图 3-132 所示。

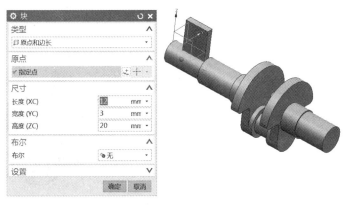

◆ 图 3-132 创建方块

(17) 倒 R1.5 圆角。单击特征工具条上的边倒圆图标 ，选择如图 3-133 所示的高亮显示边，设置圆角半径为 1.5 mm，单击【确定】或单击鼠标中键，如图 3-133 所示。

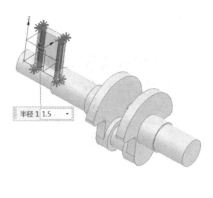

◆ 图 3-133　倒 R1.5 圆角

(18) 偏置面。选择菜单【插入】→【偏置/缩放】→【偏置面】，选择方块底面，输入偏置值 3.2，单击【确定】按钮，如图 3-134 所示。

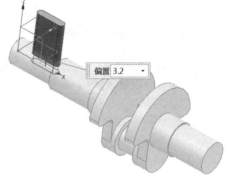

◆ 图 3-134　偏置面

(19) 求差。单击特征工具条上的求差图标 ，选择目标为曲轴实体，选择工具为方块，单击鼠标中键，完成键槽特征的创建，如图 3-135 所示。

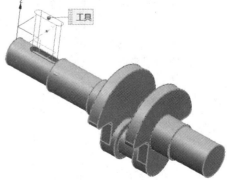

◆ 图 3-135　求差

(20) 倒斜角。单击特征工具条上的倒斜角图标 ，选择如图 3-136 所示的一条边，输入距离为 1 mm，单击【确定】按钮，如图 3-136 所示。

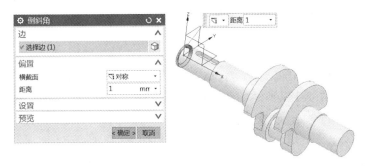

◆ 图 3-136 倒斜角

(21) 保存文件。按快捷键"Ctrl+L"，在【图层设置】对话框中，设置 1 层为工作层，关闭其他图层，单击鼠标中键，退出【图层设置】对话框。按快捷键"Ctrl+S"保存文件，如图 3-137 所示。

◆ 图 3-137 保存文件

3.2.7 支架设计

支架工程图如图 3-138 所示。

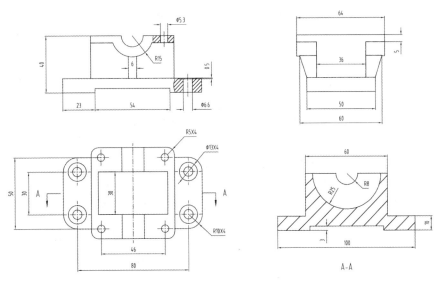

◆ 图 3-138 支架工程图

支架工程图的设计步骤如下：

(1) 新建文件。选择工具栏中的 或按组合键"Ctrl+N"，在【新建】对话框中，模板选择【模型】，默认单位为 mm，在名称栏输入"zhijia"，文件夹设置为 E:\qigang，单击【确定】按钮或单击鼠标中键，退出对话框。

(2) 创建方块。单击特征工具条上的块图标，选择类型为原点和边长，指定点设置为 (-50，-25，0)，长度为 100，宽度为 50，高度为 10，单击【确定】按钮或单击鼠标中键，完成方块的创建，如图 3-139 所示。

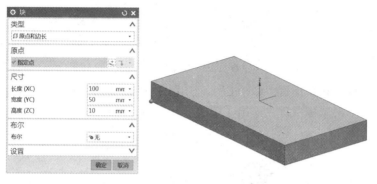

◆ 图 3-139　创建方块

(3) 创建腔体。选择菜单【插入】→【设计特征】→【腔体】或单击特征工具条上的垫块图标，选择第 (2) 步创建的方块底面为腔体放置面，水平参考选择 +X 轴，腔体长度为 50，宽度为 54，深度为 3，首先利用线落到线上图标定义腔体一中心线与 X 轴重合，再利用线落到线上图标定义腔体另一中心线与 Y 轴重合，如图 3-140 所示。

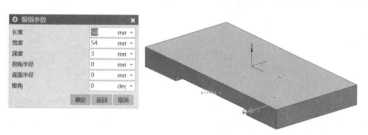

◆ 图 3-140　创建腔体

(4) 创建垫块1。单击工具条上的垫块图标，选择类型为矩形，放置面选择方块顶面，水平参考为 +X 轴，长度为 60，宽度为 36，高度为 25，利用两次线落到线上图标定义腔体位置，约束垫块的一中心线和 X 轴、垫块另一中心线和 Y 轴分别重合，如图 3-141 所示。

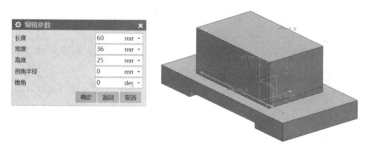

◆ 图 3-141　创建垫块 1

(5) 创建垫块 2。按"F4"键重复使用垫块图标 ，选择类型为矩形，放置面选择垫块顶面，水平参考为 +X 轴，长度为 60，宽度为 64，高度为 5，利用两次线落到线上图标 工 定义腔体位置，约束垫块的一中心线和 X 轴、垫块另一中心线和 Y 轴分别重合，如图 3-142 所示。

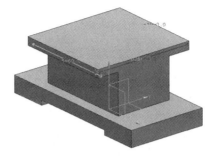

◆ 图 3-142　创建垫块 2

(6) 创建圆柱 1。单击特征工具条上的圆柱图标 ，指定矢量为 +YC，指定点设置为第(5)步创建的垫块一边线中点，输入直径为 30，高度为 64，和前面创建的实体求和，单击【确定】按钮或单击鼠标中键完成圆柱创建，如图 3-143 所示。

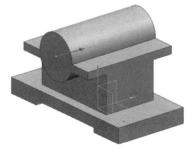

◆ 图 3-143　创建圆柱 1

(7) 修剪圆柱。单击特征工具条上的修剪体图标 ，目标选择前面创建的实体，选择工具选项为新建平面，指定平面为垫块 2 顶面，单击【确定】按钮或者单击鼠标中键，利用修剪体命令修剪掉圆柱上半部分材料，如图 3-144 所示。

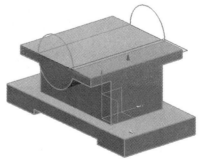

◆ 图 3-144　修剪圆柱

(8) 绘制草图。按快捷键"Ctrl+L",在【图层设置】对话框中,设置 21 层为工作层,在工作图层输入 21 后按回车键,再单击鼠标中键,退出【图层设置】对话框。选择菜单【插入】→【在任务环境中绘制草图】,选择 YC-ZC 平面为草图平面,绘制如图 3-145 所示的草图,建议对半绘制然后镜像操作。

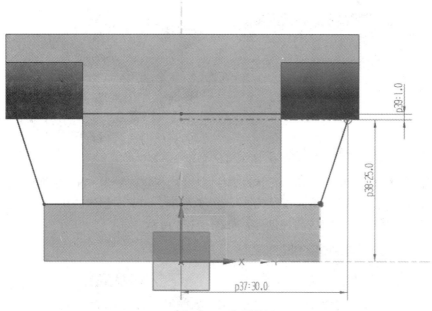

◆ 图 3-145 绘制草图

(9) 创建拉伸特征。按快捷键"Ctrl+L",在【图层设置】对话框中,设置 1 层为工作层后按回车键,单击鼠标中键,退出【图层设置】对话框。单击特征工具条上的拉伸图标 或按快捷键 X,选择第 (8) 步绘制的草图曲线,拉伸方向为 +X 方向,对称拉伸结束距离为 3,并和已创建实体求和,如图 3-146 所示。

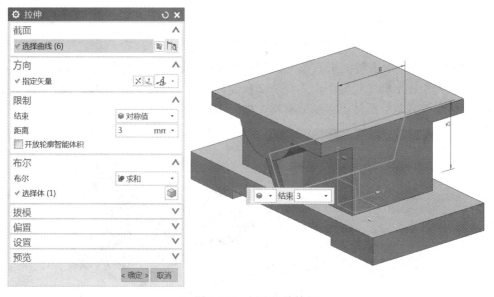

◆ 图 3-146 创建拉伸特征

(10) 打 Ø16 孔。单击特征工具条上的孔图标📦，选择孔的放置面为圆柱顶面，贯通面为圆柱底面，定义孔的直径为 16，单击鼠标中键后选择点落在点上图标✓定位方式，选择放置面上的半圆，单击鼠标中键，默认以圆弧中心定义孔位置，如图 3-147 所示。

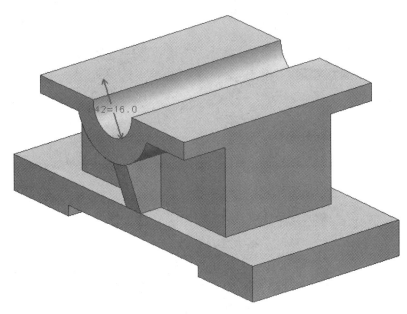

◆ 图 3-147　打 Ø16 孔

(11) 创建圆柱 2。单击特征工具条上的圆柱图标🗂，指定矢量为 +YC，指定点设置 (0，−15，40)，输入直径为 50，高度为 30，和前面创建的实体求差，单击【确定】按钮或单击鼠标中键，完成圆柱 2 的创建，如图 3-148 所示。

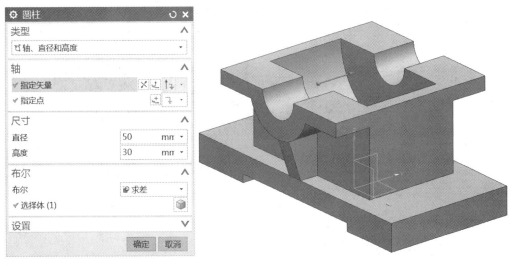

◆ 图 3-148　创建圆柱 2

(12) 倒 R10、R5 圆角。单击特征工具条上的边倒圆图标🗂，选择如图 3-149 所示的方块上的 4 条边，设置圆角半径为 10，分别单击"添加新集"按钮🗂，选择垫块二上的 4 条边，设置相应圆角半径为 5，单击【确定】按钮或单击鼠标中键，如图 3-149 所示。

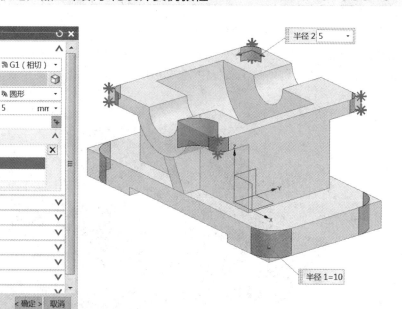

◆ 图 3-149　倒圆角

(13) 打沉头孔。单击特征工具条上的孔图标 ，选择类型为常规孔，指定点为 4 个 R10 圆角圆心，孔的方向选择垂直于面，形状选择沉头孔，选择方块顶面为孔放置面，设置沉头直径为 13，沉头深度为 1，直径为 6.6，设置深度限制为贯通体，单击【确定】按钮或单击鼠标中键，完成沉头孔的创建，如图 3-150 所示。

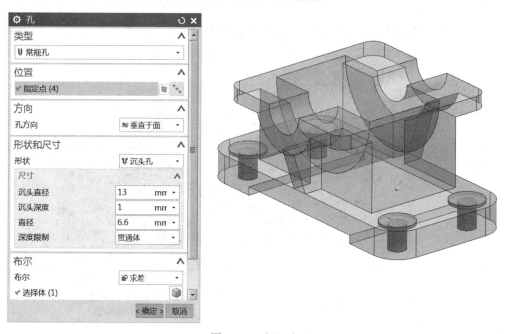

◆ 图 3-150　打沉头孔

(14) 打 Ø5.3 孔。单击特征工具条上的孔图标，孔的放置面选择垫块二的顶面，贯通面选择垫块二的底面，定义孔的直径为 5.3，单击鼠标中键，利用垂直图标定义到孔心到 X 轴和 Y 轴距离分别为 25、23，如图 3-151 所示。

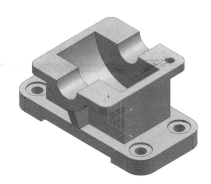

◆ 图 3-151　打 Ø5.3 孔

(15) 阵列孔。单击特征工具条上的阵列特征图标 🐾，选择上一步创建的孔为要形成阵列的特征，方向一设定为 −X 方向，数量为 2，节距为 46。方向二设定为 −Y 方向，数量为 2，节距为 50，单击【确定】按钮或单击鼠标中键，完成阵列孔特征的创建，如图 3-152 所示。

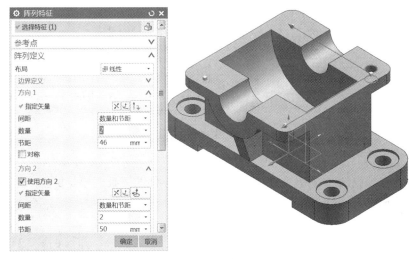

◆ 图 3-152　阵列孔

(16) 保存文件。按快捷键"Ctrl+L"，在【图层设置】对话框中，设置 1 层为工作层，关闭其他图层，单击鼠标中键，退出【图层设置】对话框。按快捷键"Ctrl+S"保存文件，如图 3-153 所示。

◆ 图 3-153　保存文件

3.3 实体建模综合练习乙

1. 运用 UG NX12.0 软件，完成如图 3-154 所示零件的三维建模。要求：零件特征正确，严格按尺寸建模。

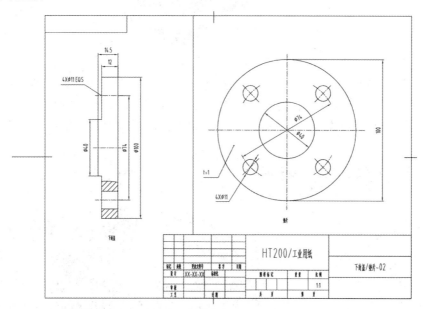

◆ 图 3-154 下封盖 / 垫片 -02

2. 运用 UG NX12.0 软件，完成如图 3-155 所示零件的三维建模。要求：零件特征正确，严格按尺寸建模。

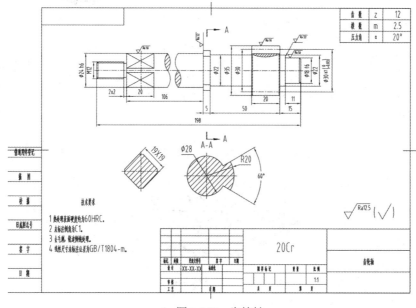

◆ 图 3-155 齿轮轴

3. 运用 UG NX12.0 软件，完成如图 3-156 所示零件的三维建模。要求：零件特征正确，严格按尺寸建模。

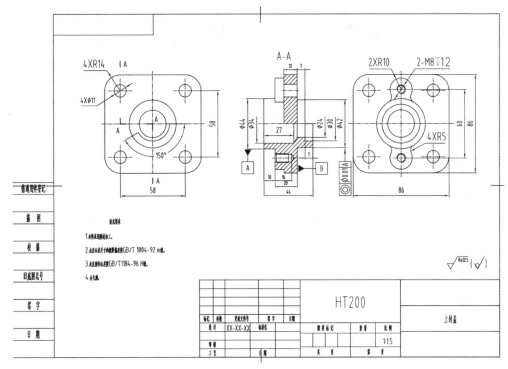

◆ 图 3-156　上封盖

模块四　曲面设计

UG NX12.0 不仅提供了基本的特征建模功能，同时还提供了强大的曲面特征建模及相应的编辑和操作功能。用户可以利用上述功能完成各种复杂曲面及非规则实体的创建，并进行相关的编辑工作。

曲面产品设计的一般步骤是先根据图纸或图片(如果是逆向设计则根据点云)绘制出产品线框模型，然后由线框模型创建曲面。在此过程中可能会遇到三边面、五边面、渐消面等曲面拆分问题，再由曲面生成产品实体，最后处理细节特征(如抽壳、倒圆角、倒角等)。

【学习目标】

(1) 掌握三边面、五边面的拆分技巧。
(2) 掌握一般曲面的创建及编辑方法。
(3) 掌握片体生成实体的四种常用方法。

4.1　三边面与五边面的拆分

4.1.1　三边面的拆分

通过图 4-1 所示的三条边生成一个曲面，并把曲面往内侧加厚 5。在构建如图 4-1 所示的三边面时，因主曲线的首条或最后一条要选择"点"，构出的曲面会在该点出现尖端收敛现象，在该点处容易出问题导致无法完成抽壳和加厚操作。因此，必须对此三边面进行拆分，而将三边面转换成四边面是曲面设计中最常见、最有效的方法。

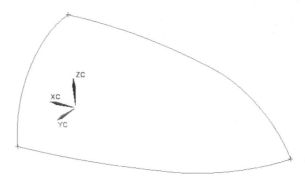

◆ 图 4-1　三边面模型

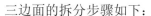

三边面的拆分步骤如下：

(1) 创建网格曲面。打开 3_sides.prt 文件，单击曲面工具条上的通过曲线网格图标，选择尖点及相对的曲线为主曲线，选择另外两条曲线为交叉曲线，单击鼠标中键完成曲面特征的创建，如图 4-2 所示。

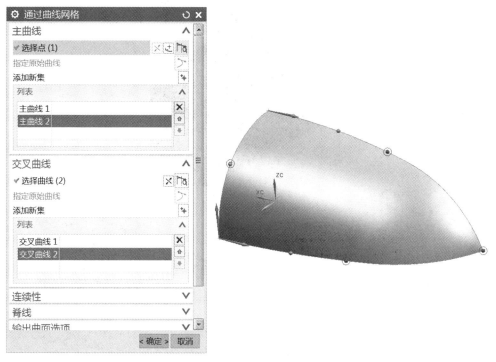

◆ 图 4-2 创建网格曲面

(2) 加厚片体。选择菜单【插入】→【偏置/缩放】→【加厚】，选择第 (1) 步创建的网格曲面，设置厚度为 5，向曲面内侧加厚，单击鼠标中键完成该曲面的加厚，如图 4-3 所示。

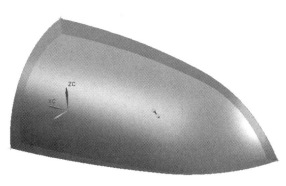

◆ 图 4-3 加厚片体

(3) 放大加厚片体的尖点位置，选择菜单【分析】→【最小半径】，勾选【在最小半径处创建点】，选择第 (1) 步创建的网格曲面，单击【确定】按钮后出现信息窗口，可发现最小半径位置位于尖点，最小半径值为 0.000039088，该值远小于加厚值 5。显然该片体在加厚过程中出现了问题，这是因为曲面往内侧加厚时在尖点位置处会自相交，如图 4-4(a)、(b) 所示。

(a) 出问题部位

(b) 最小半径

◆ 图 4-4 查找加厚出问题的原因

(4) 绘制圆弧和直线。调整视图方位并按 "F8" 键使 ZC 轴正向朝屏幕外，单击曲线工具条上的圆弧图标 ↰，绘制如图 4-5 所示的圆弧，使该圆弧大致和已有圆弧同心；单击曲线工具条上的直线图标 ↗，绘制如图 4-5 所示的直线，使该直线大致经过上一步绘制的圆弧圆心。

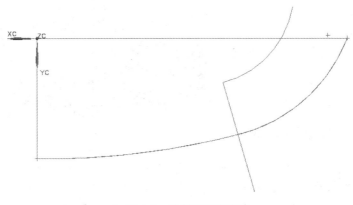

◆ 图 4-5 绘制圆弧和直线

(5) 修剪片体。单击特征工具条上的修剪片体图标 ，选择网格曲面的目标，边界选择第 (4) 步绘制的圆弧和直线，投影方向设置为 +ZC，单击鼠标中键将网格曲面的尖点部分修剪掉，如图 4-6 所示。

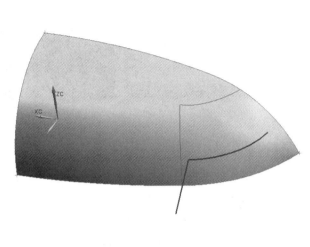

◆ 图 4-6　修剪片体

(6) 创建修补的网格曲面。单击曲面工具条上的通过曲线网格图标 ，选择图 4-7 所示的高亮显示曲线及相对的曲线为主曲线，选择另外两条曲线为交叉曲线，将第一条主线串、第一交叉线串设置成和原网格曲面相切约束，单击鼠标中键完成曲面特征的创建。

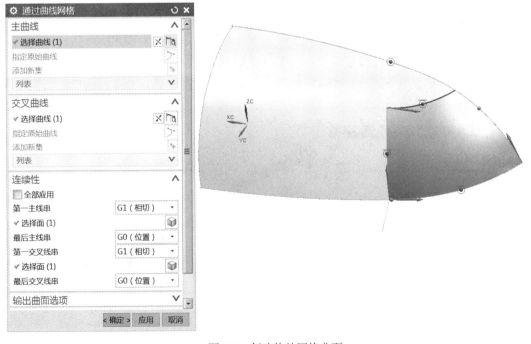

◆ 图 4-7　创建修补网格曲面

(7) 缝合曲面。选择菜单【插入】→【组合】→【缝合】，目标选择原网格曲面，工具选择修补的网格曲面，单击鼠标中键完成两片体的缝合，如图4-8所示。

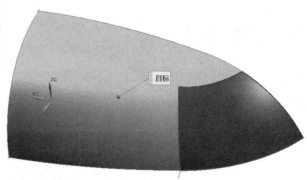

◆ 图4-8　缝合曲面

(8) 检测曲面质量。选择菜单【分析】→【最小半径】，勾选【在最小半径处创建点】，选择第 (1) 步创建的网格曲面，单击【确定】后出现【信息】窗口，如图4-9所示，可发现最小半径明显大于加厚值 5，不能加厚的问题已解决。

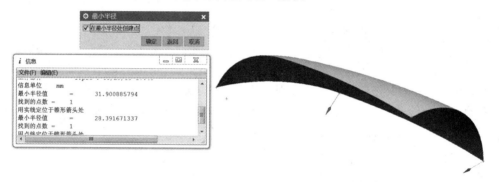

◆ 图4-9　检测曲面质量

(9) 再次加厚片体。选择菜单【插入】→【偏置/缩放】→【加厚】，选择拆分后的网格曲面，设置厚度为5，向曲面内侧加厚，单击鼠标中键完成该片体的加厚，如图4-10所示。

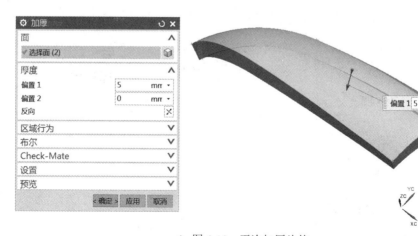

◆ 图4-10　再次加厚片体

4.1.2　五边面的拆分

通过图 4-11 所示的五条边生成一个曲面，要求曲面光顺。很明显，图 4-11 所示的五条边中有 1 个尖角，如果直接用网格面生成曲面，则会在尖角的地方形成褶皱，使曲面不光顺，因而要对此五边面进行拆分。

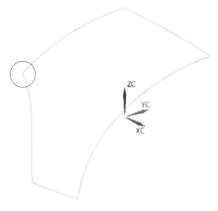

◆　图 4-11　五边面模型

五边面的拆分方法通常有两种：第一种方法是"圆角过渡"或"桥接"法，即在容易出问题的尖角位置采用圆弧 (或利用桥接的方法) 将尖角去掉，再利用网格面生成曲面后再将五边面补回；第二种方法是"还原四边面"法，即该五边面可以看成是由一个大的四边面被切去一个角后形成的，利用还原后的四条边生成网格面，再对该网格面拆分可生成符合要求的五边面。

方法一："圆角过渡"或"桥接"法。

(1) 编辑曲线长度。打开 5_sides.prt 文件，选择菜单【编辑】→【曲线】→【长度】，在【曲线长度】对话框中，分别选择图 4-12 所示的两条边，输入开始值为 −8，单击鼠标中键完成曲线长度的编辑。

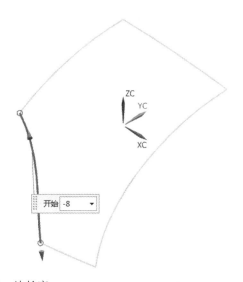

(a) 编辑一边长度

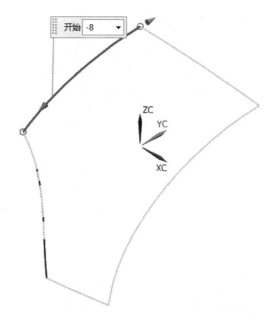

(b) 编辑另一边长度

◆ 图 4-12 编辑曲线长度

(2) 桥接曲线。选择菜单【插入】→【派生曲线】→【桥接】，在【桥接曲线】对话框中，对编辑后的两曲线作桥接曲线，单击鼠标中键完成曲线的桥接，如图 4-13 所示。

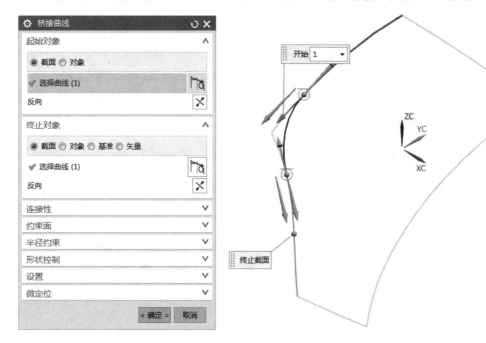

◆ 图 4-13 桥接曲线

(3) 创建网格曲面。单击曲面工具条上的通过曲线网格图标 ，选择图 4-14 所示的高亮显示曲线及相对曲线为主曲线，选择另外两条曲线为交叉曲线，单击鼠标中键完成曲面特征的创建，如图 4-14 所示。

◆ 图 4-14　创建网格曲面

(4) 绘制直线。调整视图方位并按"F8"键使 ZC 轴正向朝屏幕外，单击曲线工具条上的直线图标 ╱，绘制如图 4-15 所示的两直线，绘制时分别选择编辑曲线长度后两曲线的端点，且两直线大致与其相对的曲线相平行。

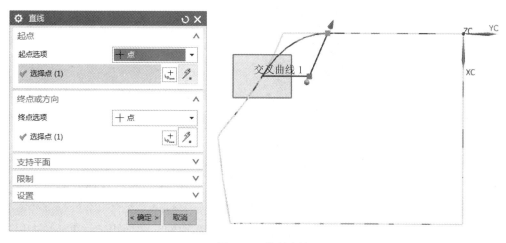

◆ 图 4-15　绘制直线

(5) 修剪片体。单击特征工具条上的修剪片体图标 ✐，选择网格曲面的目标，边界选择第 (4) 步绘制的两直线，投影方向设置为 +ZC，单击鼠标中键将网格曲面的圆角部分修剪掉，如图 4-16(a)、(b) 所示。

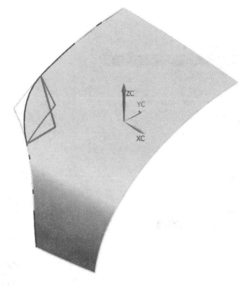

(a) 沿 +Z 矢量对片体修剪

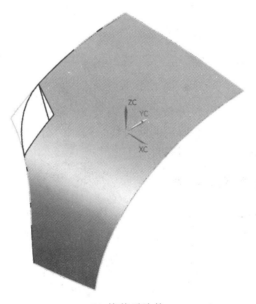

(b) 修剪后片体

◆ 图 4-16　修剪片体

　　(6) 创建修补的网格曲面。单击曲面工具条上的通过曲线网格命令 ▦，按下相交处停止图标 ⊞，选择图 4-17 所示的水平直线及相对曲线为主曲线，选择另外一条曲线及直线为交叉曲线，将第一条主线串、最后交叉线串设置成和原网格曲面相切约束，单击鼠标中键完成曲面特征的创建，如图 4-17 所示。

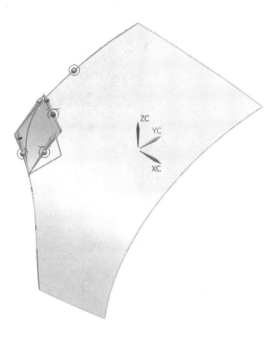

◆ 图 4-17　创建修补的网格曲面

(7) 缝合曲面。选择菜单【插入】→【组合】→【缝合】，目标选择原网格曲面，工具选择修补的网格曲面，单击鼠标中键完成两片体的缝合，如图 4-18 所示。

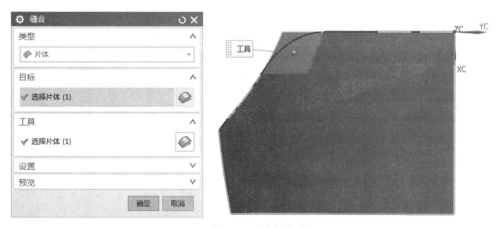

◆ 图 4-18　缝合曲面

(8) 检查片体光顺性。选择菜单【分析】→【形状】→【反射】，在【面分析 - 反射】对话框中，选择原网格面及修补的曲面，单击鼠标中键以斑马线观察该曲面质量，若斑马线疏密一致，没有不连续的地方，说明该曲面质量较好，如图 4-19 所示。

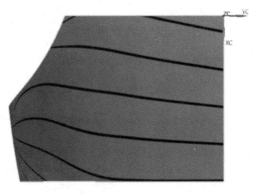

◆ 图 4-19 片体斑马线图

方法二："还原四边面"法。

(1) 编辑曲线长度。打开 5_sides.prt 文件，选择菜单【编辑】→【曲线】→【长度】，在【曲线长度】对话框中，选择图 4-20 所示的高亮显示曲线，输入开始值为 22.5，单击鼠标中键完成曲线长度的编辑，如图 4-20 所示。

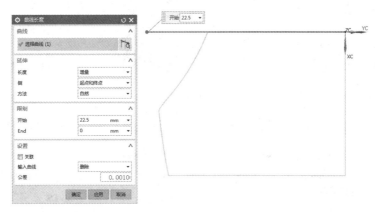

◆ 图 4-20 编辑曲线长度

(2) 绘制艺术样条曲线。单击曲线工具条上的艺术样条图标，在【艺术样条】对话框中，选择第 (1) 步延长曲线的端点和已有的五边形曲线，约束一端自由、另一端与已有的五边形曲线 G2 曲率连续，如图 4-21 所示。

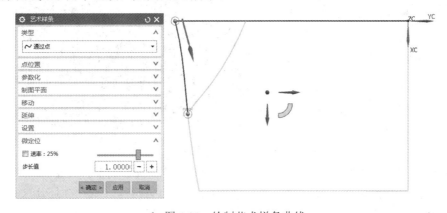

◆ 图 4-21 绘制艺术样条曲线

(3) 创建网格曲面。单击曲面工具条上的通过曲线网格命令 ▨️，选择图 4-22 所示的高亮显示曲线及相对曲线为主曲线，选择另外两条曲线为交叉曲线，单击鼠标中键完成曲面特征的创建。

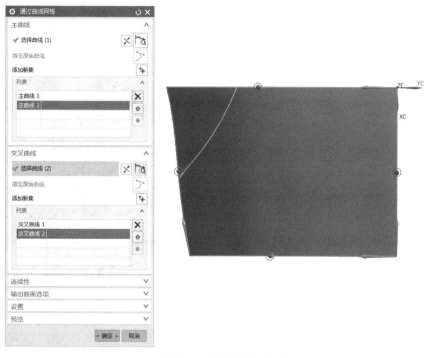

◆ 图 4-22 创建网格曲面

(4) 绘制圆弧。调整视图方位并按 F8 键使 ZC 轴正向朝屏幕外，单击曲线工具条上的直线图标 ◠，绘制如图 4-23 所示的圆弧。注意：绘制时尽量使该圆弧与五边形的一曲线同心。

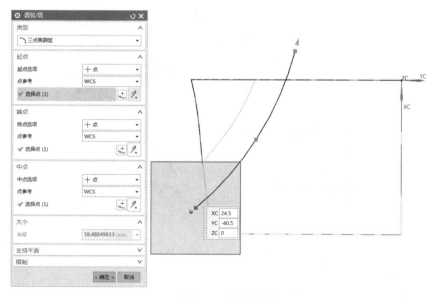

◆ 图 4-23 绘制圆弧

(5) 修剪片体。单击特征工具条上的修剪片体图标 ，选择网格曲面的目标，边界选择第 (4) 步绘制的圆弧，投影方向设置为 +ZC，单击鼠标中键将完成曲面的修剪，如图 4-24(a)、(b) 所示。

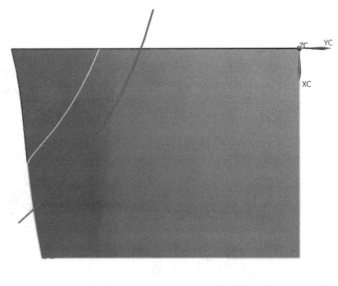

(a) 沿 +Z 矢量对片体修剪

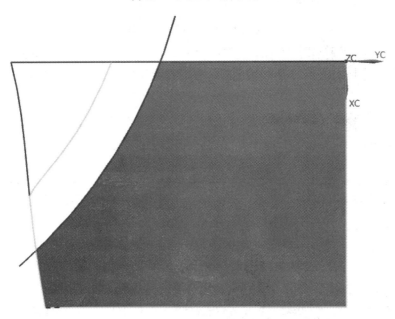

(b) 修剪后的片体

◆ 图 4-24 修剪片体

(6) 创建修补的网格曲面。单击曲面工具条上的通过曲线网格命令 ，按下相交处停止图标 ，选择图 4-25 所示的高亮显示曲线及相对曲线为主曲线，选择另外两条曲线为交叉曲线,将第一条主线串成和原网格曲面曲率连续,单击鼠标中键完成曲面特征的创建。

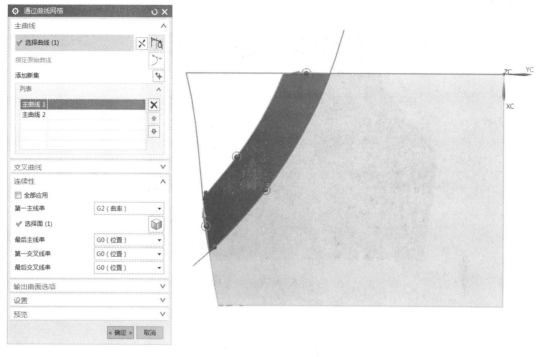

◆ 图 4-25 创建修补的网格曲面

(7) 缝合曲面。选择菜单【插入】→【组合】→【缝合】,目标选择原网格曲面,工具选择修补的网格曲面,单击鼠标中键完成两片体的缝合,如图 4-26 所示。

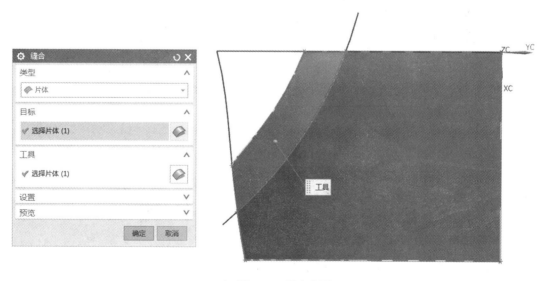

◆ 图 4-26 缝合曲面

(8) 检查片体光顺性。选择菜单【分析】→【形状】→【反射】,在【面分析 - 反射】对话框中,选择原网格面及修补的曲面,单击鼠标中键以斑马线观察该曲面质量,可发现在两曲面相接处斑马线不连续,故对这个模型采用这种方法没有第一种方法做出的曲面质量好。如图 4-27 所示，对该模型的拆分使用"圆角过渡"法，拆分后的曲面质量比使用"还原四边面"法要好，但不是所有五边面拆分时均会这样，具体问题应具体分析。

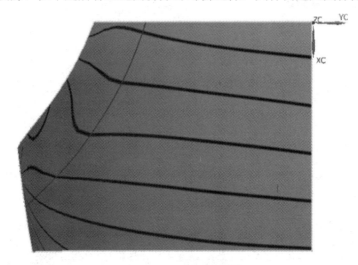

◆ 图 4-27　片体的斑马线图

4.2　拉手模型设计

拉手模型如图 4-28 所示。

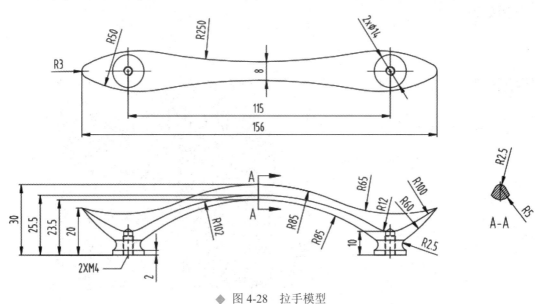

◆ 图 4-28　拉手模型

拉手模型设计步骤如下：

(1) 新建文件。选择工具栏中的 ![新建] 或按下键盘组合键"Ctrl+N"，在【新建】对话框，模板选择【模型】，默认单位为 mm，在名称栏输入"handle"，文件夹设置为 E:\product design，单击【确定】按钮或鼠标中键退出【新建】对话框。

(2) 绘制俯视图草图。按快捷键"Ctrl+L"出现【图层设置】对话框，在工作图层后输入 21 然后按回车键，再单击鼠标中键退出【图层设置】对话框。选择菜单【插入】→【在任务环境中绘制草图】，直接单击鼠标中键，默认以 XC-YC 平面为草图平面、X 轴为平参考绘制如图 4-29 所示的草图。该草图轮廓上下左右均对称，因此画四分之一后镜像即可。

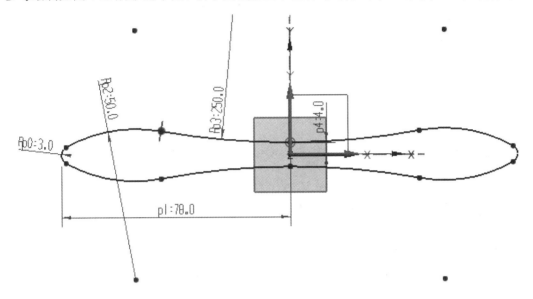

◆ 图 4-29 俯视图草图

(3) 绘制前视图最大轮廓草图。按快捷键"Ctrl+L"，在【图层设置】对话框中的工作图层输入 22 后按回车键，再单击鼠标中键退出【图层设置】对话框。选择菜单【插入】→【在任务环境中绘制草图】，设置 XC-ZC 平面为草图平面、X 轴为水平平参考，绘制如图 4-30 所示的草图，绘制时先绘制高 20 的辅助线，约束其一端点与第 (2) 步绘制草图中的 R3 圆弧端点重合，再绘制 R100 圆弧。该草图左右对称，因此画一半后镜像即可。

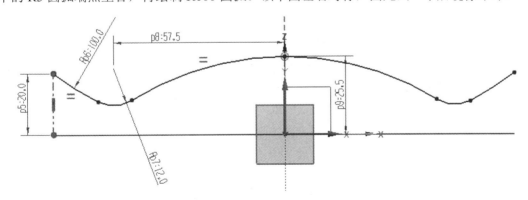

◆ 图 4-30 前视图最大轮廓草图

(4) 创建组合投影曲线。按快捷键"Ctrl+L"，在【图层设置】对话框中，设置 41 层为工作层，再单击鼠标中键退出【图层设置】对话框。选择菜单【插入】→【派生曲线】→【组合投影】，曲线 1 和曲线 2 分别选择 21、22 层草图曲线，单击鼠标中键完成组合投影曲线创建，如图 4-31 所示。

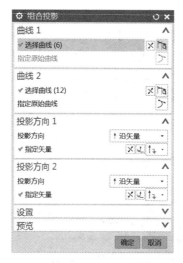
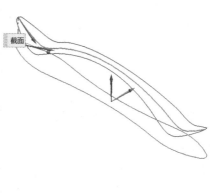

◆ 图 4-31   创建组合投影曲线

(5) 绘制拉手顶部轮廓草图。按快捷键 "Ctrl+L"，在【图层设置】对话框中的工作图层输入 23 后按回车键，再单击鼠标中键退出【图层设置】对话框。选择菜单【插入】→【在任务环境中绘制草图】，设置 XC-ZC 平面为草图平面、X 轴为水平平参考，绘制如图 4-32 所示的草图。该草图左右对称，因此画一半后镜像即可。

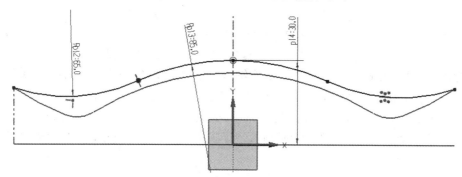

◆ 图 4-32   拉手顶部轮廓草图

(6) 绘制拉手底部轮廓草图。按快捷键 "Ctrl+L"，在【图层设置】对话框中的工作图层输入 24 后按回车键，再单击鼠标中键退出【图层设置】对话框。选择菜单【插入】→【在任务环境中绘制草图】，设置 XC-ZC 平面为草图平面、X 轴为水平参考，绘制如图 4-33 所示的草图。该草图左右对称，因此画一半后镜像即可。

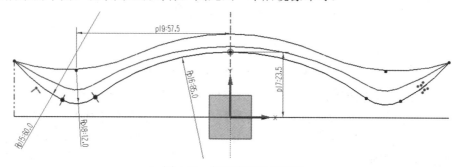

◆ 图 4-33   拉手底部轮廓草图

(7) 绘制拉手 A-A 剖视图轮廓草图。按快捷键"Ctrl+L"，在【图层设置】对话框中，设置 25 层为工作层，22、23、24 层可选，再单击鼠标中键退出【图层设置】对话框。选择菜单【插入】→【在任务环境中绘制草图】，设置 YC-ZC 平面为草图平面、Y 轴为水平参考，绘制如图 4-34 所示的草图，然后约束草图经过这些点。

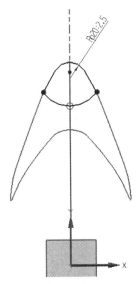

◆ 图 4-34 拉手 A-A 剖视图轮廓草图

(8) 创建拉手上部的网格曲面。按快捷键"Ctrl+L"，在【图层设置】对话框中，设置 81 层为工作层，23、24、25、41 层可选，再单击鼠标中键退出【图层设置】对话框，单击曲面工具条上的通过曲线网格图标，按下相交处停止图标，选择主曲线和交叉曲线 (主曲线和交叉曲线均有 3 条，且主曲线应避免选点，在这里选的是圆弧)，单击鼠标中键完成拉手上部的网格曲面的创建，如图 4-35 所示。

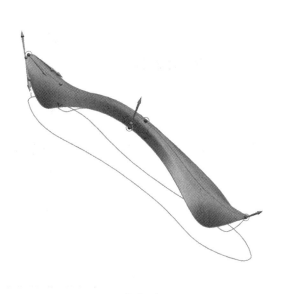

◆ 图 4-35 创建拉手上部的网格曲面

(9) 创建拉手底部的网格曲面。单击曲面工具条上的通过曲线网格图标，按下相交处停止图标，选择主曲线和交叉曲线 (同第 (8) 步主曲线和交叉曲线均有 3 条，且主曲线应避免选点，在这里选的是圆弧)，单击鼠标中键完成拉手底部的网格曲面的创建，如图 4-36 所示。

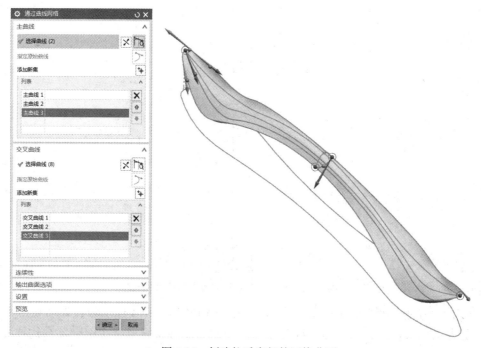

◆ 图 4-36　创建拉手底部的网格曲面

(10) 生成拉手实体。按快捷键 "Ctrl+L"，在【图层设置】对话框中，设置 1 层为工作层，81 层可选，再单击鼠标中键退出【图层设置】对话框。选择菜单【插入】→【组合】→【缝合】，目标选择拉手上部的网格曲面，工具选择拉手底部网格曲面，单击鼠标中键完成两片体的缝合，因封闭曲面缝合生成实体，从而生成拉手主体部分的实体，如图 4-37 所示。

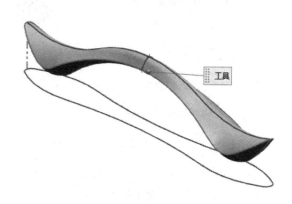

◆ 图 4-37　生成拉手实体

(11) 绘制拉手固定部分草图。按快捷键"Ctrl+L"，在【图层设置】对话框中的工作图层输入 24 后按回车键，再单击鼠标中键退出【图层设置】对话框。选择菜单【插入】→【在任务环境中绘制草图】，设置 XC-YC 平面为草图平面、X 轴为水平参考，绘制如图 4-38 所示的草图。

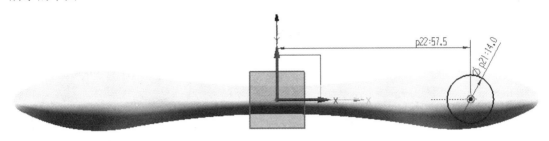

◆ 图 4-38　拉手固定部分草图

(12) 拉伸固定部分实体。按快捷键"Ctrl+L"，在【图层设置】对话框中，输入 1 层为工作层后按回车键，单击鼠标中键退出【图层设置】对话框，单击特征工具条中的拉伸图标 或按快捷键"X"，选择第 (11) 步绘制的草图曲线，拉伸方向为 +Z 方向，对称拉伸距离为 2，如图 4-39 所示。

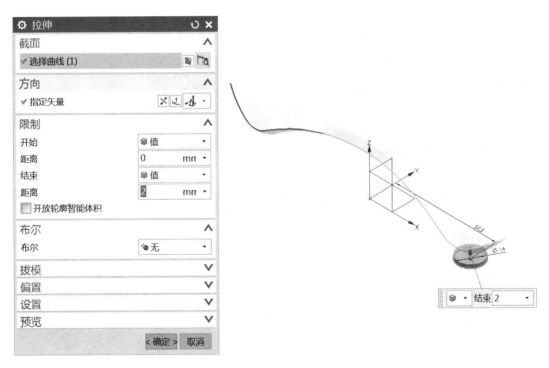

◆ 图 4-39　拉伸固定部分实体

(13) 倒 R2.5 圆角。单击特征工具条上的面倒圆图标 ，选择如图 4-40 所示的拉手底部网格面和第 (12) 步拉伸的圆柱顶面，设置圆角半径为 2.5，单击鼠标中键完成面倒圆特征的创建。注意：选面时均应使箭头指向倒圆角的圆心一侧；重合曲线选择第 (12) 步拉伸圆柱顶面的边缘线。

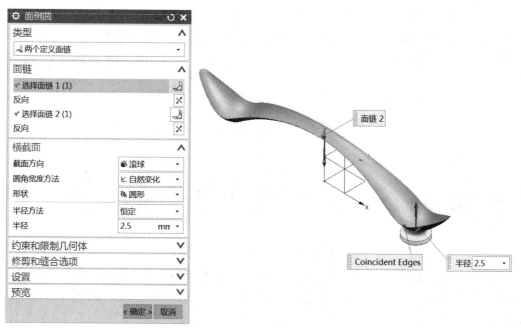

◆ 图 4-40　倒 R2.5 圆角

　　(14) 打 M4 螺纹孔。单击特征工具条上的孔图标 🔩，类型选择"螺纹孔"，孔方向垂直于面，设置螺纹大小为 M4 × 0.7，螺纹深度为 6，深度为 10，顶锥角为 118，位置选择圆柱底面圆心，如图 4-41 所示。

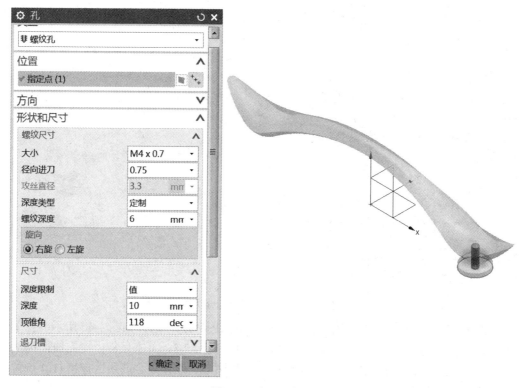

◆ 图 4-41　打 M4 螺纹孔

(15) 镜像特征。选择菜单【插入】→【关联复制】→【镜像特征】，选择拉伸体、面倒圆、螺纹孔三特征为要镜像的特征，设置镜像平面为 YC-ZC 基准面，单击鼠标中键完成镜像特征操作，如图 4-42 所示。

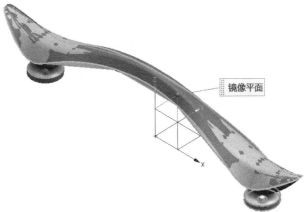

◆ 图 4-42 镜像特征

(16) 保存文件。按快捷键"Ctrl+L"，在【图层设置】对话框中，设置 1 层为工作层，关闭其他图层，单击鼠标中键退出【图层设置】对话框。按快捷键"Ctrl+S"保存文件，如图 4-43 所示。

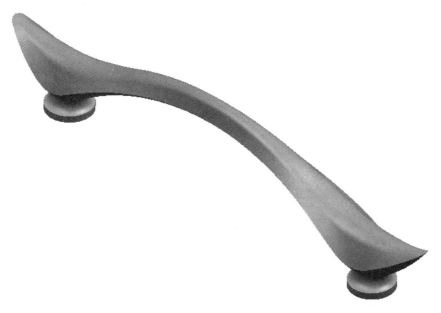

◆ 图 4-43 保存文件

4.3 飞机模型设计

飞机模型如图 4-44 所示。

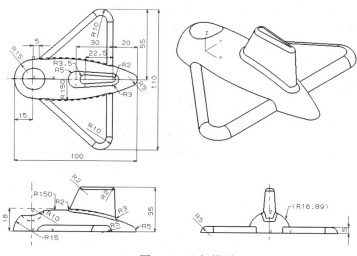

◆ 图 4-44　飞机模型

飞机模型设计步骤如下：

(1) 新建文件。选择工具栏中的 🗋 或按下键盘组合键 "Ctrl+N"，在【新建】对话框中，模板选择【模型】，默认单位为 mm，在名称栏输入 "airplane"，文件夹设置为 E:\product design，单击【确定】按钮或鼠标中键退出【新建】对话框。

(2) 绘制飞机俯视图轮廓草图。按快捷键 "Ctrl+L"，在【图层设置】对话框中的工作图层输入 21 后按回车键，再单击鼠标中键退出【图层设置】对话框。选择菜单【插入】→【在任务环境中绘制草图】，直接单击鼠标中键，默认 XC-YC 平面为草图平面、X 轴为水平参考，绘制如图 4-45 所示的草图。该草图上下对称，建议对半绘制然后镜像。注意：绘制草图中虚线以备后面创建基准面用，绘制时约束 p4=5.0 的水平线段与 R150 圆弧相切，且切点在 R150 圆弧上，切点处即为侧视图最大轮廓处。

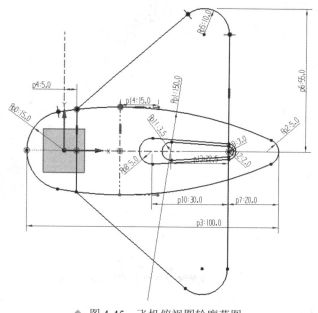

◆ 图 4-45　飞机俯视图轮廓草图

(3) 绘制飞机前视图草图。按快捷键"Ctrl+L"，在【图层设置】对话框中的工作图层输入 22 后按回车键，再单击鼠标中键退出【图层设置】对话框。选择菜单【插入】→【在任务环境中绘制草图】，设置 XC-ZC 平面为草图平面、X 轴为水平参考，绘制如图 4-46 所示的草图。该草图与 21 层草图建立相关约束。

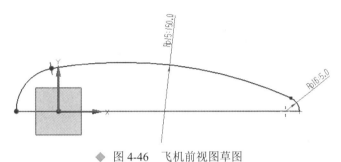

◆ 图 4-46　飞机前视图草图

(4) 创建基准面 1。按快捷键"Ctrl+L"，在【图层设置】对话框中的工作图层输入 62 后按回车键，再单击鼠标中键退出【图层设置】对话框，单击特征工具条上的基准平面图标，类型设置为自动判断，选择 YC-ZC 面及第 (2) 步草图中的虚线，单击鼠标中键完成基准面的创建，如图 4-47 所示。

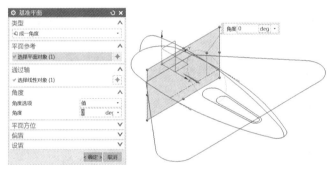

◆ 图 4-47　基准面 1

(5) 绘制飞机侧视图草图。按快捷键"Ctrl+L"，在【图层设置】对话框中的工作图层输入 23 后按回车键，再单击鼠标中键退出【图层设置】对话框。选择菜单【插入】→【在任务环境中绘制草图】，选择第 (4) 步创建的基准面 1 为草图平面、Y 轴为水平参考，绘制如图 4-48 所示的草图。注意：先利用交点命令求出 22 层草图与 62 层基准面的交点，再绘制三点圆弧。

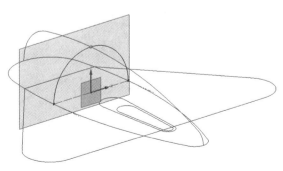

◆ 图 4-48　飞机侧视图草图

(6) 创建飞机机身主体网格曲面。按快捷键"Ctrl+L"，在【图层设置】对话框中，设置 81 层为工作层，单击鼠标中键退出【图层设置】对话框，单击曲面工具条上的通过曲线网格图标，按下相交处停止图标，选择主曲线和交叉曲线（主曲线和交叉曲线均有 3 条，且主曲线应避免选点，在这里选的是圆弧），单击鼠标中键完成飞机机身主体网格曲面的创建，如图 4-49 所示。

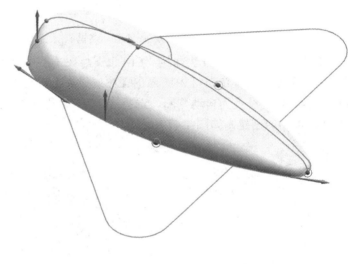

◆ 图 4-49　飞机机身主体网格曲面

(7) 创建飞机机身主体有界平面。选择菜单【插入】→【曲面】→【有界平面】，选择如图 4-50 所示的高亮显示曲线，单击鼠标中键完成有界平面的创建。

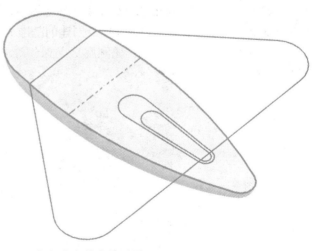

◆ 图 4-50　飞机机身主体有界平面

(8) 缝合生成机身实体。按快捷键"Ctrl+L"，在【图层设置】对话框中，设置 1 层为工作层，81 层可选，再单击鼠标中键退出【图层设置】对话框。选择菜单【插入】→【组合】→【缝合】，目标选择机身网格曲面，工具选择机身底部有界平面，单击鼠标中键完成两片体的缝合，生成机身实体如图 4-51 所示。

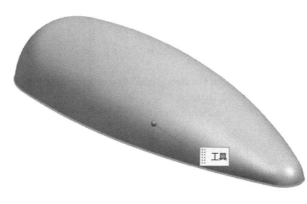

◆ 图 4-51　生成机身实体

(9) 拉伸机翼实体。单击特征工具条中的拉伸图标 或按快捷键"X"，以相连曲线选线方式选择 21 层机翼部分草图曲线，拉伸方向为 +Z 方向，开始距离为 0，结束距离为 5，如图 4-52 所示。

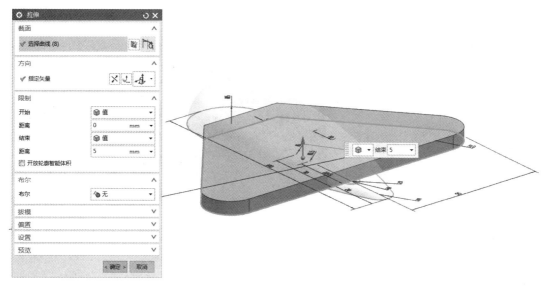

◆ 图 4-52　拉伸机翼部分草图

(10) 倒 R5 圆角。单击特征工具条上的边倒圆图标 ，选择如图 4-53 所示的高亮显示边，设置圆角半径为 5，单击【确定】或单击鼠标中键完成边倒圆特征的创建，如图 4-53 所示。

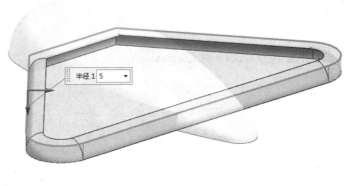

◆ 图 4-53　倒 R5 圆角

(11) 投影尾翼底部曲线。按快捷键"Ctrl+L"，在【图层设置】对话框中，设置 41 层为工作层，再单击鼠标中键退出【图层设置】对话框，选择菜单【插入】→【派生曲线】→【投影】，投影的曲线选择 21 层尾翼部分的高亮显示线，要投影的对象选择机身上表面，投影方向为 +ZC 轴，单击【确定】或单击鼠标中键完成投影尾翼底部曲线的创建，如图 4-54 所示。

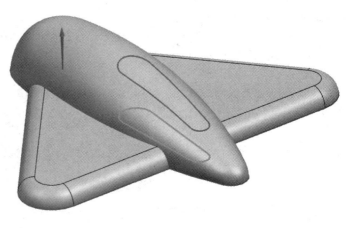

◆ 图 4-54　投影尾翼底部曲线

(12) 创建基准面 2。按快捷键"Ctrl+L"，在【图层设置】对话框中的工作图层输入 63 后按回车键，再单击鼠标中键退出【图层设置】对话框。单击特征工具条上的基准平面图标，类型设置为自动判断，选择 XC-YC 面，输入距离为 35，单击鼠标中键完成基准面 2 的创建，如图 4-55 所示。

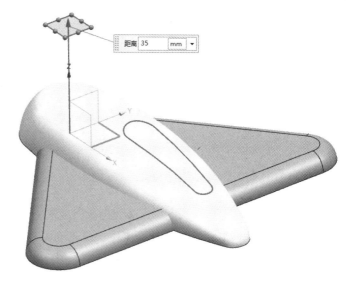

◆ 图 4-55　创建基准面 2

(13) 投影尾翼顶部曲线。按快捷键"Ctrl+L"，在【图层设置】对话框中，设置 41 层为工作层，再单击鼠标中键退出【图层设置】对话框，选择菜单【插入】→【派生曲线】→【投影】，投影的曲线选择 21 层尾翼部分的高亮显示线，要投影的对象选择第 (12) 步创建的基准面 2，投影方向为 +ZC 轴，单击【确定】或单击鼠标中键完成投影尾翼顶部曲线的创建，如图 4-56 所示。

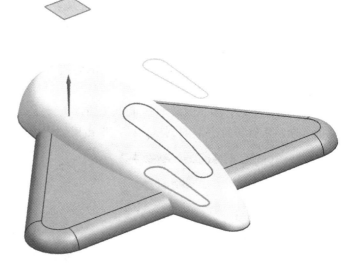

◆ 图 4-56　投影尾翼顶部曲线

(14) 创建尾翼直纹面。按快捷键"Ctrl+L"，在【图层设置】对话框中，设置 82 层为工作层，单击鼠标中键退出【图层设置】对话框。选择菜单【插入】→【网格曲面】→【直纹】，截面线串 1、2 分别选择尾翼顶部及底部曲线，如图 4-57 所示。注意：截面线串箭头的指向应一致，去掉保留形状前的勾，默认对齐方式为参数。

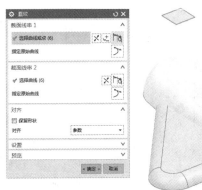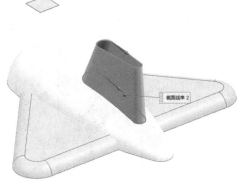

◆ 图 4-57　尾翼直纹面

(15) 创建尾翼顶部有界平面。选择菜单【插入】→【曲面】→【有界平面】，选择如图 4-58 所示的高亮显示曲线，单击鼠标中键完成有界平面的创建。

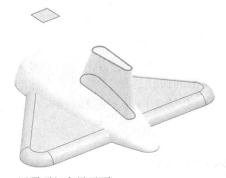

◆ 图 4-58　尾翼顶部有界平面

(16) 创建尾翼部分底部 N 边曲面。该曲面既可以直接用 N 边曲面命令；也可以先抽取机身主体曲面，然后利用 41 层尾翼底部曲线对该抽取片体进行修剪。该处运用的是后一种方法。

① 抽取机身主体曲面。选择菜单【插入】→【关联复制】→【抽取几何特征】，类型选择面，选择机身主体的网格曲面，单击鼠标中键完成曲面的抽取，如图 4-59 所示。

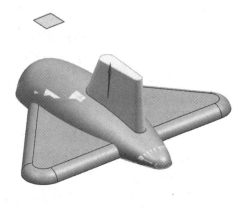

◆ 图 4-59　抽取机身主体曲面

② 修剪片体。单击特征工具条上的修剪片体图标 🔧，目标选择第①步抽取的片体，边界选择41层投影曲线，投影方向选择垂直于面，单击鼠标中键完成片体的修剪，如图4-60所示。若点取的光标位置位于41层投影曲线外部，则该"选择区域"选择【放弃】。

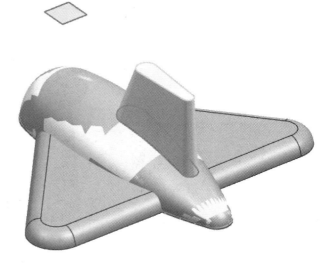

◆ 图4-60　修剪片体

(17) 缝合生成尾翼实体。选择菜单【插入】→【组合】→【缝合】，目标选择尾翼部分直纹面，工具选择尾翼有界平面、N边曲面，单击鼠标中键完成三片体的缝合，生成尾翼实体如图4-61所示。

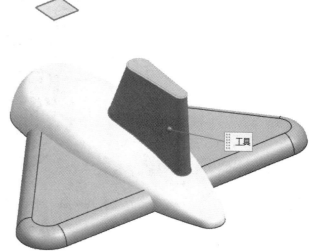

◆ 图4-61　生成尾翼实体

(18) 求和。单击特征工具条上的求和图标🔲，目标选择机身，工具选择机翼和尾翼，单击鼠标中键完成求和，如图 4-62 所示。

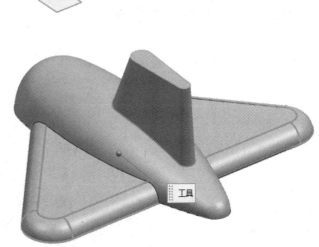

◆ 图 4-62　求和

(19) 创建求差球体，并与机身求差。单击特征工具条上的球图标⚫，类型选择中心点和直径，设置球直径为 20，圆心为 (0，0，18)，并与机身实体求差，如图 4-63 所示。注意：若在 22 层草图也将该处的圆画出，则也可选择圆弧来创建球体。

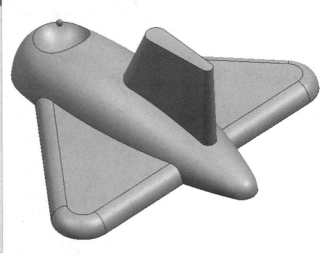

◆ 图 4-63　创建求差球体

(20) 对尾翼顶部边缘倒 R3、R1.5 的圆角。单击特征工具条上的边倒圆图标🔲，选择如图 4-64 所示的边线，设置圆角半径为 3，单击鼠标中键完成倒 R3 圆角特征的创建。按 "F4" 键重复使用边倒圆图标🔲，设置圆角半径为 1.5，单击鼠标中键完成倒 R1.5 圆角特征的创建。

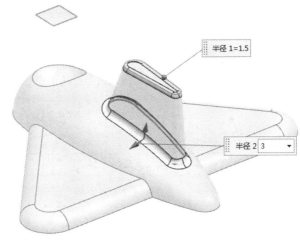

◆ 图 4-64 倒圆角

(21) 保存文件。按快捷键"Ctrl+L",在【图层设置】对话框中,设置 1 层为工作层,关闭其他图层,单击鼠标中键退出【图层设置】对话框。按快捷键"Ctrl+S"保存文件,如图 4-65 所示。

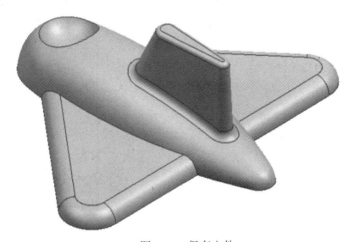

◆ 图 4-65 保存文件

4.4 勺子模型设计

勺子模型如图 4-66 所示。

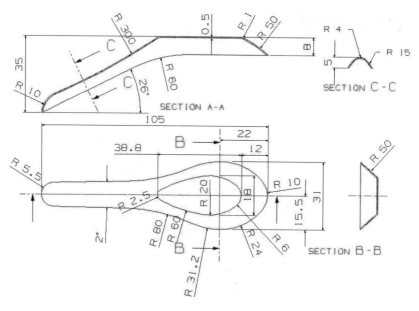

◆ 图 4-66　勺子模型

勺子模型设计步骤如下：

(1) 新建文件。选择工具栏中的 或按下键盘组合键"Ctrl+N"，在【新建】对话框，模板选择【模型】，默认单位为 mm，在名称栏输入"spoon"，文件夹设置为 E:\product design，单击【确定】按钮或鼠标中键退出【新建】对话框。

(2) 绘制勺子俯视图轮廓草图。按快捷键"Ctrl+L"，在【图层设置】对话框中的工作图层输入 21 后按回车键，再单击鼠标中键退出【图层设置】对话框。选择菜单【插入】→【在任务环境中绘制草图】，直接单击鼠标中键，默认 XC-YC 平面为草图平面、X 轴为水平参考，绘制如图 4-67 所示的草图。该草图上下对称，建议对半绘制然后镜像。

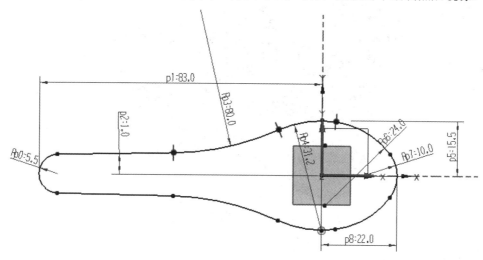

◆ 图 4-67　勺子俯视图轮廓草图

(3) 绘制前视图轮廓草图。按快捷键"Ctrl+L"，在【图层设置】对话框中的工作图层输入 22 后按回车键，再单击鼠标中键退出【图层设置】对话框。选择菜单【插入】→【在任务环境中绘制草图】，选择 XC-ZC 平面为草图平面、X 轴为水平参考，绘制如图 4-68 所示的草图。该草图与 21 层草图建立相关约束。

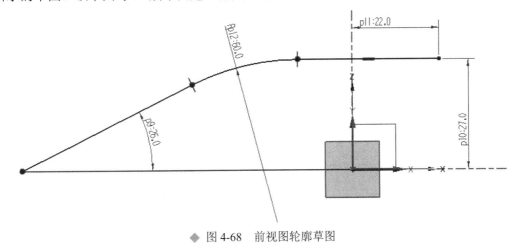

◆ 图 4-68　前视图轮廓草图

(4) 创建组合投影曲线。按快捷键"Ctrl+L"，在【图层设置】对话框中，设置 41 层为工作层，再单击鼠标中键退出【图层设置】对话框，选择菜单【插入】→【派生曲线】→【组合投影】，曲线 1 和曲线 2 分别选择 21、22 层草图曲线，单击鼠标中键完成组合投影曲线的创建，如图 4-69 所示。

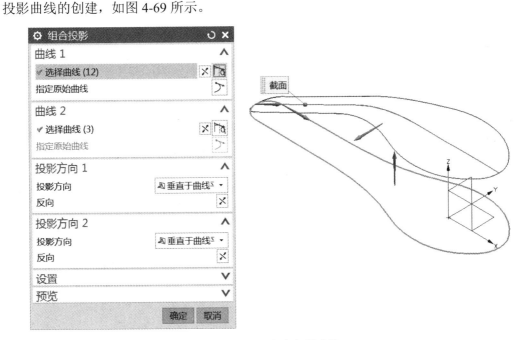

◆ 图 4-69　组合投影曲线

(5) 绘制勺子底部轮廓草图。按快捷键"Ctrl+L"，在【图层设置】对话框中的工作图层输入 23 后按回车键，再单击鼠标中键退出【图层设置】对话框。选择菜单【插入】→【在任务环境中绘制草图】，选择 XC-ZC 平面为草图平面、X 轴为水平参考，绘制如图 4-70 所示的草图。该草图与 22 层草图建立相关约束。注意：线段 p22=5 经过 R300 的圆心且垂直于 22 层草图中的直线，将该线段转化为参考线以备第 (7) 步做基准平面。

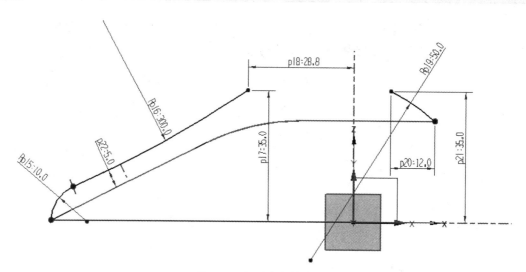

◆ 图 4-70　勺子底部轮廓草图

（6）桥接曲线。按快捷键"Ctrl+L"，在【图层设置】对话框中的在工作图层输入 42 后按回车键，再单击鼠标中键退出【图层设置】对话框。选择菜单【插入】→【派生曲线】→【桥接】，在【桥接曲线】对话框中，按照图 4-71 所示选择第 (5) 步绘制的两条曲线，单击鼠标中键完成曲线的桥接。

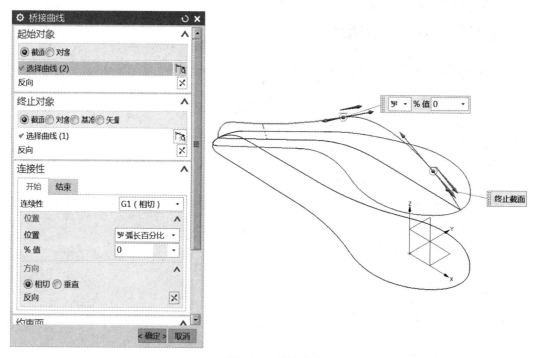

◆ 图 4-71　桥接曲线

（7）创建基准面 1。按快捷键"Ctrl+L"，在【图层设置】对话框中的工作图层输入 62 后按回车键，再单击鼠标中键退出【图层设置】对话框。单击特征工具条上的基准平面图标，类型设置为自动判断，选择高亮显示的直线及第 (5) 步草图中虚线的一端点，单击鼠标中键完成基准面 1 的创建，如图 4-72 所示。

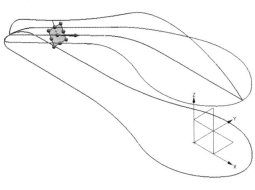

◆ 图 4-72　基准面 1

(8) 绘制勺子 C-C 剖视图轮廓草图。按快捷键 "Ctrl+L"，在【图层设置】对话框中，设置 24 层为工作层，23、41、42、62 层可选，再单击鼠标中键退出【图层设置】对话框。选择菜单【插入】→【在任务环境中绘制草图】，选择第 (7) 步创建基准面 1 为草图平面、Y 轴为水平参考，绘制如图 4-73 所示的草图。注意：先用交点命令 求出绘图平面与 23 草图曲线、41 层组合投影曲线的交点，然后约束草图经过这些点。该草图左右对称，可画一半镜像。

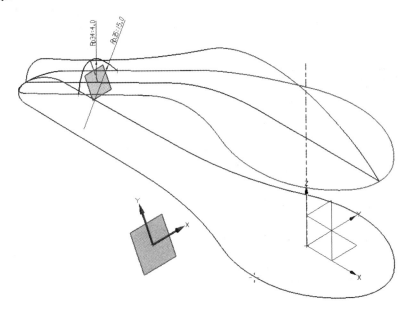

◆ 图 4-73　勺子 C-C 剖视图轮廓草图

(9) 绘制勺子 B-B 剖视图轮廓草图。按快捷键 "Ctrl+L"，在【图层设置】对话框中，设置 25 层为工作层，23、41、42、62 层可选，再单击鼠标中键退出【图层设置】对话框。选择菜单【插入】→【在任务环境中绘制草图】，选择 YC-ZC 基准面为草图平面、Y 轴为水平参考，绘制如图 4-74 所示的草图。注意：先用交点命令 分别求出绘图平面与 41 层组合投影曲线和 42 层桥接曲线的交点，然后约束草图经过这些点。该草图左右对称，可画一半镜像。

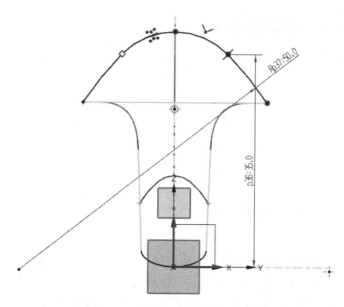

◆ 图 4-74　勺子 B-B 剖视图轮廓草图

(10) 创建勺子主体网格曲面。按快捷键"Ctrl+L"，在【图层设置】对话框中，设置 81 层为工作层，单击鼠标中键退出【图层设置】对话框。单击曲面工具条上的通过曲线网格图标 ，按下相交处停止图标 ，选择主曲线和交叉曲线（主曲线有 4 条，交叉曲线有 3 条，且主曲线应避免选点，在这里选的是圆弧），单击鼠标中键完成勺子主体网格曲面的创建，如图 4-75 所示。

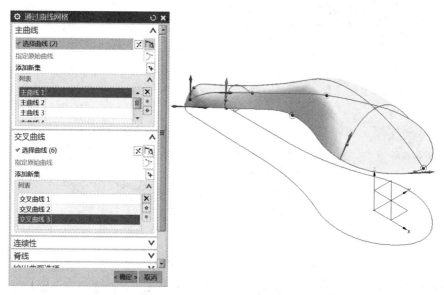

◆ 图 4-75　勺子主体网格曲面

(11) 创建基准面 2。按快捷键"Ctrl+L"，在【图层设置】对话框中的工作图层输入 63 后按回车键，再单击鼠标中键退出【图层设置】对话框。单击特征工具条上的基准平面图标 ，类型设置为自动判断，选择 XC-YC 基准面，输入偏置距离为 35，单击鼠标中键完成基准面 2 的创建，如图 4-76 所示。

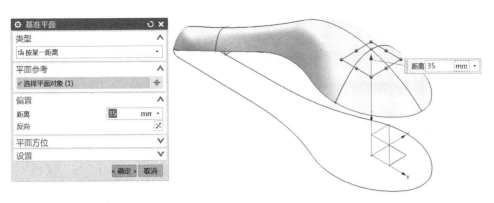

◆ 图 4-76 基准面 2

(12) 修剪体。单击特征工具条上的修剪体图标，目标选择勺子主体网格曲面，工具选项选择第 (11) 步创建的基准面 2，修剪掉勺子底部，单击鼠标中键完成修剪体的操作，如图 4-77 所示。

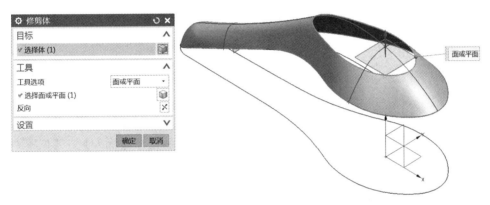

◆ 图 4-77 修剪体

(13) 创建勺子底部有界平面。按快捷键"Ctrl+L"，在【图层设置】对话框中的工作图层输入 81 后按回车键，再单击鼠标中键退出【图层设置】对话框。选择菜单【插入】→【曲面】→【有界平面】，选择如图 4-78 所示的高亮显示曲线，单击鼠标中键完成有界平面的创建。

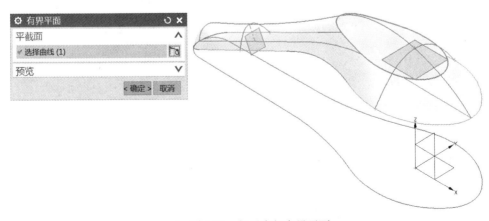

◆ 图 4-78 勺子底部有界平面

(14) 倒 R1 圆角。单击特征工具条上的面倒圆图标 🔧，选择如图 4-79 所示的勺子主体网格面和第 (13) 步创建的有界平面，设置圆角半径为 1，单击鼠标中键完成面倒圆特征的创建。注意：选面时均应使箭头指向倒圆角的圆心一侧。

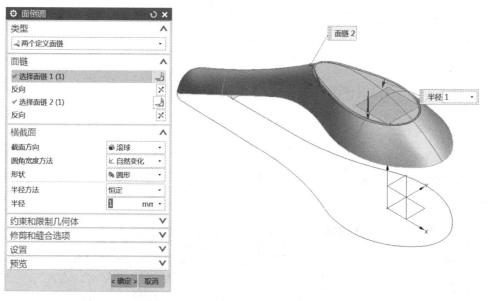

◆ 图 4-79　倒 R1 圆角

(15) 加厚片体。按快捷键"Ctrl+L"，在【图层设置】对话框中的工作图层输入 1 后按回车键，再单击鼠标中键退出【图层设置】对话框。选择菜单【插入】→【偏置 / 缩放】→【加厚】，选择拆分后的网格曲面，设置厚度为 0.5，向曲面内侧加厚，单击鼠标中键完成该曲面的加厚，如图 4-80 所示。若发现加厚过程中出现警报 (显示无法加厚)，可以考虑用缝合或修剪、补片体等命令生成实体。

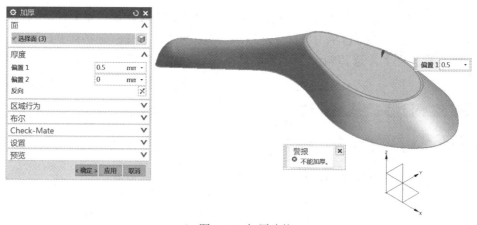

◆ 图 4-80　加厚片体

(16) 查找加厚出问题原因。选择菜单【分析】→【最小半径】，勾选在最小半径处创建点，选择第 (1) 步创建的网格曲面，单击【确定】按钮后出现信息窗口，可发现最小半径位置位于尖点，最小半径值为 0.2875，该值小于加厚值 0.5，曲面往内侧加厚时会自相交故而出现警报，如图 4-81 所示。

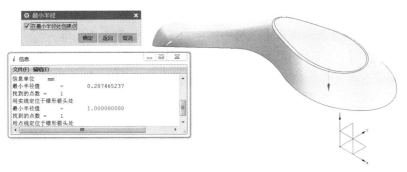

◆ 图 4-81 最小半径

下面尝试用封闭的片体缝合来生成实体。

(17) 拉伸 22 层草图曲线。按快捷键"Ctrl+L",在【图层设置】对话框中,设置 82 层为工作层按回车键,单机鼠标中键退出【图层设置】对话框。单击特征工具条中的拉伸图标 🔳 或按快捷键"X",曲线规则选择 相连曲线 ┊,选择 22 层草图曲线,拉伸方向为 +Y 方向,对称拉伸距离为 50,如图 4-82 所示。

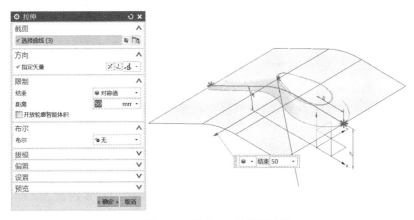

◆ 图 4-82 拉伸 22 层草图曲线

(18) 修剪片体。单击特征工具条上的修剪片体图标 🖋,选择第 (17) 步创建的拉伸片体,边界选择 41 层组合投影曲线,投影方向设置为垂直于面,单击鼠标中键将曲面 41 层组合投影曲线外的部分修剪掉,如图 4-83 所示。

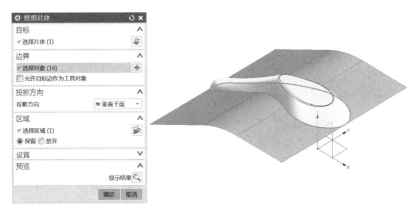

◆ 图 4-83 修剪片体

(19) 缝合生成勺子实体。按快捷键"Ctrl+L"，在【图层设置】对话框中，设置 1 层为工作层，81、82 层可选，再单击鼠标中键退出【图层设置】对话框。选择菜单【插入】→【组合】→【缝合】，目标选择勺子主体网格曲面，工具选择第 (18) 步修剪后的拉伸曲面，单击鼠标中键完成两片体的缝合，因封闭曲面缝合生成实体，从而生成勺子实体，如图 4-84 所示。

 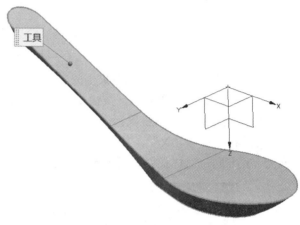

◆ 图 4-84　缝合生成勺子实体

(20) 抽壳，保存文件。单击特征工具条上的抽壳图标，使用相切面选择如图 4-85 所示的 3 个面，输入厚度为 0.5，单击鼠标中键完成抽壳特征的创建。将除 1 层外的其他图层不显示，保存文件。

 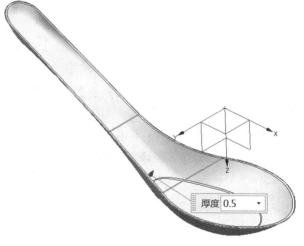

◆ 图 4-85　抽壳，保存文件

从第 (18) 步开始，我们也可以换一种思路，利用修剪体的方式来创建勺子实体。

(21) 创建拉伸特征。按快捷键"Ctrl+L"，在【图层设置】对话框中，设置 1 层为工作层，21 层可选，单击特征工具条中的拉伸图标或按快捷键"X"，曲线规则选择相连曲线，选择 21 层草图曲线，拉伸方向为 +Z 方向，开始距离为 -20，结束距离为 50，如图 4-86 所示。

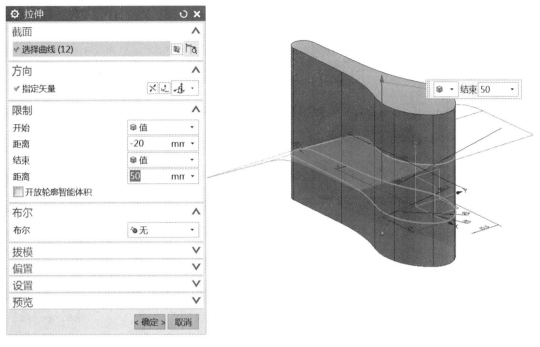

◆ 图 4-86 拉伸 21 层草图曲线

(22) 修剪实体下部分材料。单击特征工具条中的修剪体图标 ⬚⬚，目标选择第 (21) 步创建的拉伸实体，工具选择第 (17) 步创建的拉伸片体，单击应用修剪掉实体下半部分材料，如图 4-87 所示。

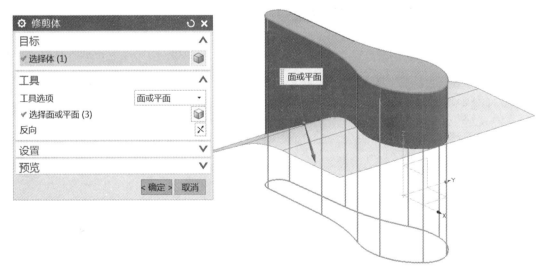

◆ 图 4-87 修剪实体下部分材料

(23) 修剪实体上部分材料。再次使用修剪体命令，目标选择拉伸实体，工具选择勺子主体曲面，单击鼠标中键修剪掉实体上半部分材料，如图 4-88 所示。

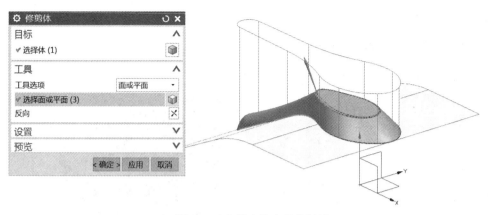

◆ 图 4-88　修剪实体上部分材料

(24) 抽壳，保存文件。单击特征工具条上的抽壳图标 ，使用相切面选择如图 4-85 所示的三个面，输入厚度为 0.5，单击鼠标中键完成抽壳特征创建。设置除 1 层外的其他图层不显示，保存文件。

从第 (19) 步开始我们还可以换一种思路，利用补片体来创建勺子实体。

(25) 创建拉伸特征。按快捷键 "Ctrl+L"，在【图层设置】对话框中，设置 1 层为工作层，21 层可选，单击特征工具条中的拉伸图标 或按快捷键 "X"，曲线规则选择 相连曲线 ，选择 21 层草图曲线，拉伸方向为 +Z 方向，开始距离为 −20，结束距离为 50，如图 4-86 所示。

(26) 补片去掉实体下半部分材料。选择菜单【插入】→【组合】→【补片】，目标选择第 (25) 步创建的拉伸实体，工具选择第 (18) 步修剪后的拉伸片体，单击【应用】按钮利用修剪后的拉伸片体替换掉实体下半部分，如图 4-89 所示。

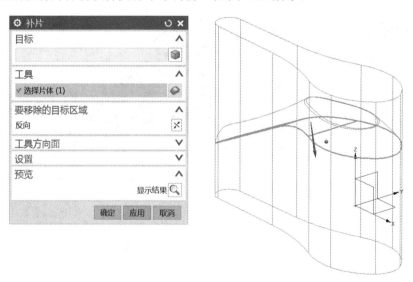

◆ 图 4-89　补片去掉实体下半部分材料

(27) 补片去掉实体上半部分材料。选择菜单【插入】→【组合】→【补片】，目标选择拉伸实体，工具选择勺子主体曲面，单击鼠标中键用勺子主体曲面替换掉实体上半部分，如图 4-90 所示。

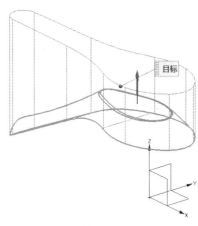

◆ 图 4-90 补片去掉实体上半部分材料

(28) 抽壳，保存文件。单击特征工具条上的抽壳图标，使用相切面选择如图 4-85 所示的 3 个面，输入厚度为 0.5，单击鼠标中键完成抽壳特征的创建。设置除 1 层外的其他图层不显示，保存文件，如图 4-91 所示。

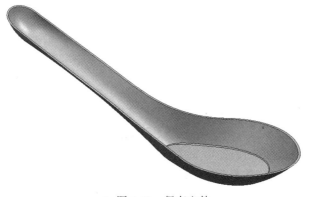

◆ 图 4-91 保存文件

技巧总结 由片体生成实体常用的方法有片体加厚、缝合、修剪体和补片。由于片体上最小半径远小于加厚的厚度值，采用加厚命令时可能会出问题，可尝试加大加厚公差。若还解决不了问题，可将最小半径处片体拆分再进行加厚，或者利用封闭的片体缝合成为实体、修剪体和补片生成实体后再抽壳。使用修剪体命令时，片体应尽量超出实体，使用该命令后片体还存在。使用补片命令时，片体边缘要刚好和实体边缘重合，使用该命令后片体消失了，可理解为片体被实体"吃掉"了。

4.5 水龙头扳手模型设计

水龙头扳手模型如图 4-92 所示。

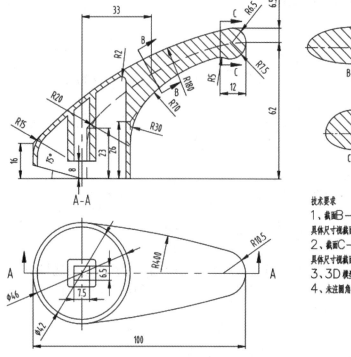
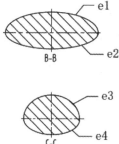

◆ 图 4-92 水龙头扳手模型

水龙头扳手模型设计步骤如下：

(1) 新建文件。选择工具栏中的 或按下键盘组合键"Ctrl+N"，在【新建】对话框中，模板选择【模型】，默认单位为 mm，在名称栏输入"tap"，文件夹设置为 E:\product design，单击【确定】按钮或鼠标中键退出【新建】对话框。

(2) 建立产品重要尺寸的表达式。选择菜单【工具】→【表达式】或按快捷键"Ctrl+E"，出现【表达式】对话框，由图纸知该产品的长宽高分别为100、46、68.5，设定参数 len=100、wid=46、hei=68.5，以方便后期对产品的修改，如图 4-93 所示。

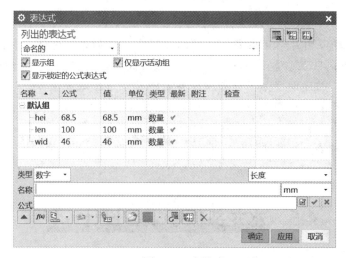

◆ 图 4-93 表达式

(3) 建立控制产品轮廓的相关基准面。按快捷键"Ctrl+L"，在【图层设置】对话框中的工作图层输入 62 后按回车键，再单击鼠标中键退出【图层设置】对话框。单击特征工具条上的基准平面图标，创建如图 4-94 所示的基准面，其中 1、4 基准面分别相对于 YC-ZC、XC-ZC 基准平面偏移值 -wid/2，2 基准面相对于 XC-ZC 基准平面偏移值 wid/2，3 基准面相对于 YC-ZC 基准平面偏移 len-wid/2，5 基准面相对于 XC-YC 基准平面偏移 hei。

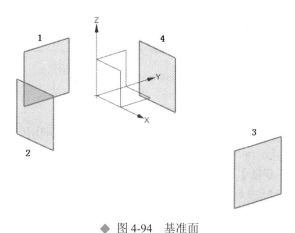

◆ 图 4-94 基准面

(4) 建立俯视图轮廓草图。按快捷键"Ctrl+L"，在【图层设置】对话框中的工作图层输入 21 后按回车键，再单击鼠标中键退出【图层设置】对话框。选择菜单【插入】→【在任务环境中绘制草图】，单击鼠标中键，默认以 XC-YC 平面为草图平面、X 轴为水平参考，绘制如图 4-95 所示的草图。该草图上下对称，建议对半绘制然后镜像，并与 62 层相关基准面建立约束。

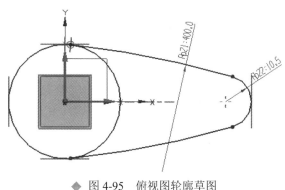

◆ 图 4-95 俯视图轮廓草图

(5) 建立侧视图轮廓草图。按快捷键"Ctrl+L"，在【图层设置】对话框中的工作图层输入 22 后按回车键，再单击鼠标中键退出【图层设置】对话框。选择菜单【插入】→【在任务环境中绘制草图】，选择 XC-ZC 平面为草图平面、X 轴为水平参考，绘制如图 4-96 所示的草图。绘制该草图时应先用投影曲线工具 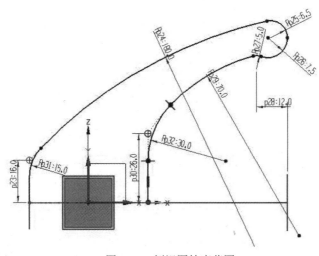 将第 (4) 步绘制的整圆做投影，将投影得到的直线转为参考线，捕捉该直线的两个端点分别绘制 p23=16、p30=26 的直线。该草图与 62 层基准面建立相关约束。

◆ 图 4-96　侧视图轮廓草图

(6) 建立侧视图中心线草图。按快捷键"Ctrl+L"，在【图层设置】对话框中的工作图层输入 23 后按回车键，再单击鼠标中键退出【图层设置】对话框。选择菜单【插入】→【在任务环境中绘制草图】，设置 XC-ZC 平面为草图平面、X 轴为水平参考，绘制如图 4-97 所示的草图。绘制该草图时应先用投影曲线工具 将第 (1) 步绘制的 R400 圆弧做投影，将投影得到的直线转为参考线，捕捉该直线的左端点绘制 p33=23 的直线，并与 22 层草图和 62 层基准建立相关约束。注意：该草图中包含一个点，该点位于 R130 圆弧上，创建该点以备第 (7) 步创建基准面。

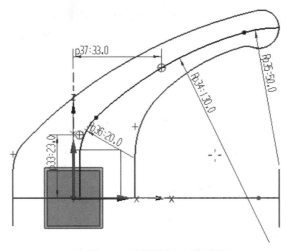

◆ 图 4-97　侧视图中心线草图

(7) 建立产品空间轮廓曲线。按快捷键"Ctrl+L"，在【图层设置】对话框中，设置41 层为工作层，再单击鼠标中键退出【图层设置】对话框。选择菜单【插入】→【派生曲线】→【组合投影】，曲线 1 使用相连曲线曲线规则并按下相交处停止图标 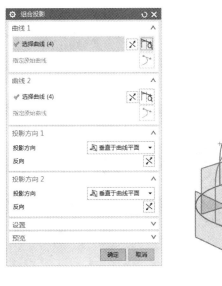，选择如图 4-98 所示的高亮显示曲线，曲线 2 选择 23 层草图曲线，单击鼠标中键完成产品空间轮廓曲线的创建。

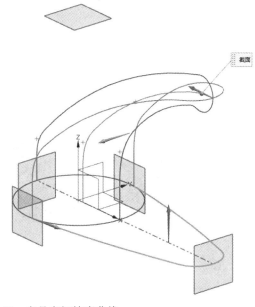

◆ 图 4-98 产品空间轮廓曲线

(8) 建立 B-B 剖面草图安放面的相关基准。按快捷键"Ctrl+L"，在【图层设置】对话框中的工作图层输入 63 后按回车键，再单击鼠标中键退出【图层设置】对话框，单击特征工具条上的基准平面图标 ，类型设置为自动判断，选择 23 层草图曲线及其上面的点，单击鼠标中键完成基准面的创建，如图 4-99 所示。

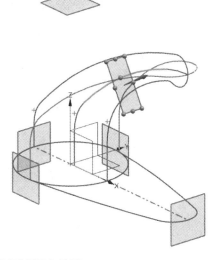

◆ 图 4-99 B-B 剖面草图安放面

(9) 建立 B-B 剖面草图。按快捷键"Ctrl+L"，在【图层设置】对话框中的工作图层输入 24 后按回车键，再单击鼠标中键退出【图层设置】对话框。选择菜单【插入】→【在任务环境中绘制草图】，选择第 (8) 步创建的基准面为草图平面、Y 轴为水平参考，绘制如图 4-100 所示的草图。先用交点图标 分别求出绘图平面与 22 层草图曲线及 41 层组合投影曲线的交点，再捕捉交点绘制直线并将直线转换为参考线。因该截面左右对称而上下不对称，可上下应分别画四分之一椭圆再镜像。

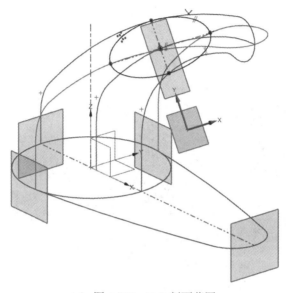

◆ 图 4-100　B-B 剖面草图

(10) 建立 C-C 剖面草图安放面的相关基准。按快捷键"Ctrl+L"，在【图层设置】对话框中的工作图层输入 64 后按回车键，再单击鼠标中键退出【图层设置】对话框。单击特征工具条上的基准平面图标 ，类型设置为自动判断，选择 3 基准面，输入偏移距离为len/10，如图 4-101 所示。

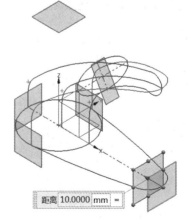

◆ 图 4-101　C-C 剖面草图安放面

(11) 建立 C-C 剖面草图。按快捷键"Ctrl+L"，在【图层设置】对话框中的在工作图层输入 25 后按回车键，再单击鼠标中键退出【图层设置】对话框。选择菜单【插入】→【在任务环境中绘制草图】，选择第 (10) 步创建的基准面为草图平面、Y 轴为水平参考，绘制如图 4-102 所示的草图。先用交点图标 分别求出绘图平面与 22 层草图曲线及 41 层组合投影曲线的交点，再捕捉交点绘制直线并将直线转换为参考线。因该截面左右对称而上下不对称，可上下分别画四分之一椭圆再镜像。

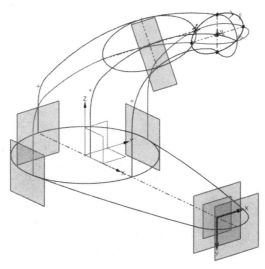

◆ 图 4-102　C-C 剖面草图

(12) 建立网格曲面。

① 建立网格曲面的约束面 (拉伸 21 层圆弧)。按快捷键"Ctrl+L"，在【图层设置】对话框中的工作图层输入 5 后按回车键，再单击鼠标中键退出【图层设置】对话框。单击特征工具条中的拉伸图标 或按快捷键"X"，选择 21 层草图曲线中的整圆，拉伸方向为 -Z 方向，拉伸距离为 10，如图 4-103 所示。

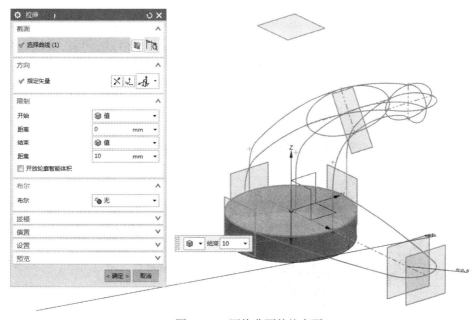

◆ 图 4-103　网格曲面的约束面

② 建立主体网格面。按快捷键"Ctrl+L"，在【图层设置】对话框中的工作图层输入 1 后按回车键，再单击鼠标中键退出【图层设置】对话框。单击曲面工具条上的通过曲线网格命令■，选择主曲线和交叉曲线 (主曲线有 4 条，最后一条为端点，交叉曲线有 5 条且第一条和第五条是同一条) 并与第①步拉伸侧面约束相切，如图 4-104 所示。

◆ 图 4-104　主体网格面

(13) 建立产品内部细节草图。按快捷键"Ctrl+L"，在【图层设置】对话框中的工作图层输入 26 后按回车键，再单击鼠标中键退出【图层设置】对话框。选择菜单【插入】→【在任务环境中绘制草图】，单击鼠标中键默认以 XC-YC 基准面为草图放置面，绘制如图 4-105 所示的草图。

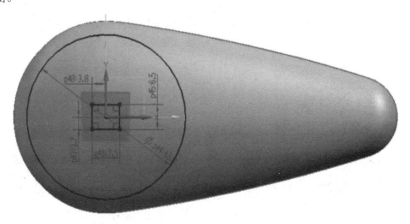

◆ 图 4-105　产品内部细节草图

(14) 拉伸第 (13) 步绘制草图中的圆。按快捷键"Ctrl+L"，在【图层设置】对话框中的工作图层输入 1 后按回车键，再单击鼠标中键退出【图层设置】对话框。单击特征工具条中的拉伸图标 或按快捷键"X"，选择 26 层草图曲线中的整圆，拉伸方向为 +Z 方向，拉伸距离为 60，如图 4-106 所示。

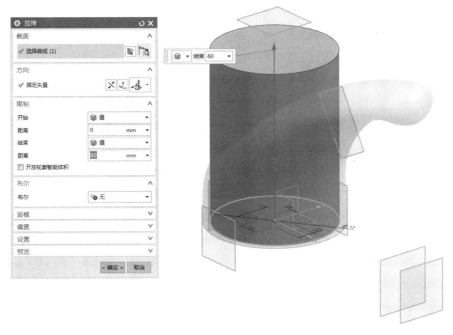

◆ 图 4-106 创建拉伸特征

(15) 使用产品表面对拉伸体修剪。单击特征工具条上的修剪体图标 ，目标选择第 (14) 步拉伸的实体，工具选项选择"面或平面"，修剪掉表面外实体，单击鼠标中键完成修剪体的操作，如图 4-107 所示。

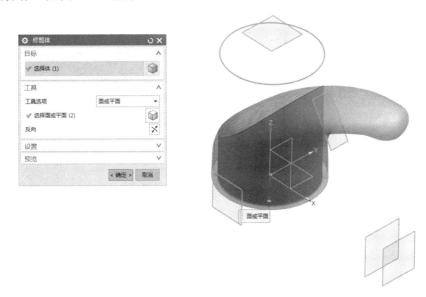

◆ 图 4-107 修剪体

(16) 建立内部细节。

① 偏置面。选择菜单【插入】→【偏置 / 缩放】→【偏置面】，对拉伸体作偏移 (除底部平面)，向内偏移值为 2，如图 4-108(a) 所示，再对侧面向外作补偿偏移 1，使之符合图纸尺寸，如图 4-108(b) 所示。

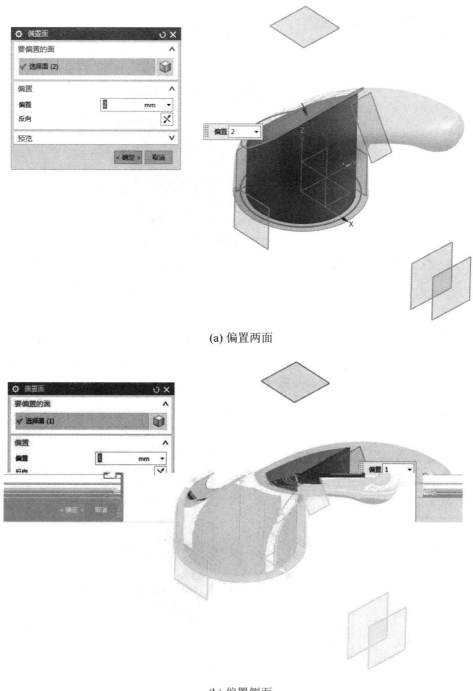

(a) 偏置两面

(b) 偏置侧面

◆ 图 4-108 偏置面

② 用1层实体与拉伸体作布尔求差。单击特征工具条上的求差图标 ，目标选择水龙头扳手实体，工具选择拉伸体，单击鼠标中键挖腔特征的创建，如图4-109所示。

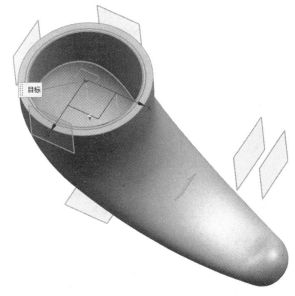

◆ 图4-109 求差

③ 按图纸要求拉伸26层草图内孔。单击特征工具条中的拉伸图标 或按快捷键"X"，选择26层草图曲线中的内孔，拉伸方向为+Z方向，拉伸开始距离为8，结束设置为"直至下一个"，选择水龙头扳手挖腔内表面，与水龙头扳手实体求和，设置偏置类型为两侧，开始为0，结束为3，如图4-110所示。

◆ 图4-110 拉伸内孔

④ 建立侧面修剪基准面。按快捷键"Ctrl+L"，在【图层设置】对话框中的工作图层输入 65 后按回车键，再单击鼠标中键退出【图层设置】对话框。单击特征工具条上的基准平面图标 📇，类型设置为自动判断，选择 XC-YC 基准面为修剪基准面，输入角度为−15，如图 4-111 所示。

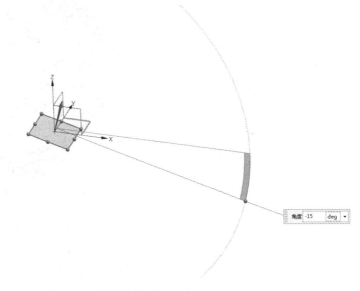

◆ 图 4-111　修剪基准面

⑤ 修剪水龙头扳手实体。单击特征工具条上的修剪体图标 🔲，目标选择水龙头扳手实体，工具选项选择"面或平面"，单击鼠标中键完成修剪体的操作，如图 4-112 所示。

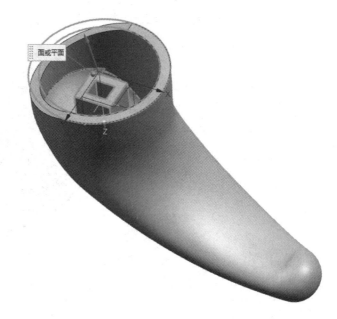

◆ 图 4-112　修剪体

⑥ 倒 R1、R2 圆角。单击特征工具条上的边倒圆图标 ，选择如图 4-113 所示的内孔的四条边，设置圆角半径为 1，单击添加新集按钮，选择水龙头扳手内部的高亮显示边，设置相应圆角半径为 2，单击鼠标中键完成圆角特征的创建。

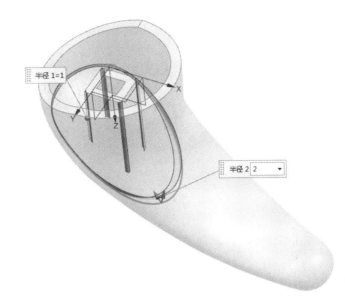

◆ 图 4-113　倒圆角

⑦ 对产品参数进行更改，测试产品的相关性。由表达式修改产品的长、宽、高数值，分别改为 105、48、70。模型顺利更新 (如出现更新失败情况，向上检查原因并对其修改)，保存文件，如图 4-114 所示。

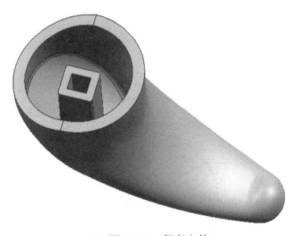

◆ 图 4-114　保存文件

4.6　钮扣模型设计

钮扣模型如图 4-115 所示。

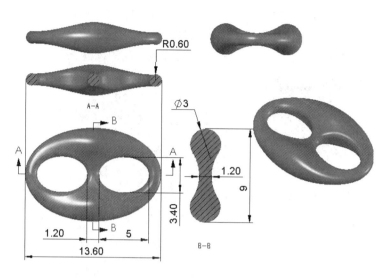

◆ 图 4-115　钮扣模型

钮扣模型设计步骤如下：

(1) 新建文件。选择工具栏中的 🗔 或按下键盘组合键"Ctrl+N"，在【新建】对话框中，模板选择【模型】，默认单位为 mm，在名称栏输入"niu kou"，文件夹设置为 E:\product design，单击【确定】按钮或鼠标中键退出【新建】对话框。

(2) 建立俯视图轮廓草图。按快捷键"Ctrl+L"，在【图层设置】对话框中的工作图层输入 21 后按回车键，再单击鼠标中键退出【图层设置】对话框。选择菜单【插入】→【在任务环境中绘制草图】，直接单击鼠标中键，默认 XC-YC 平面为草图平面、X 轴为水平参考，绘制如图 4-116 所示的草图。该草图中椭圆弧上下左右对称，且为便于后面构建网格面时选线，建议绘制四分之一后镜像。

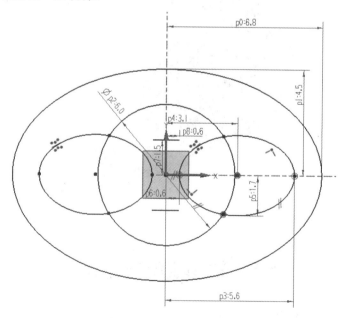

◆ 图 4-116　俯视图轮廓草图

(3) 创建桥接曲线 1。按快捷键"Ctrl+L",在【图层设置】对话框中的工作图层输入 41 后按回车键,再单击鼠标中键退出【图层设置】对话框。选择菜单【插入】→【派生曲线】→【桥接】,在【桥接曲线】对话框中,分别选择椭圆弧和相应的直线段,创建如图 4-117 所示的 4 条桥接曲线。

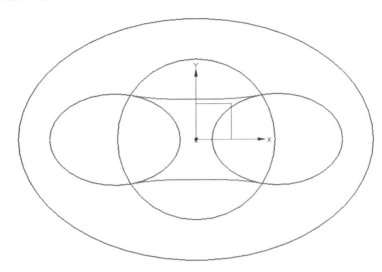

◆ 图 4-117　桥接曲线 1

(4) 建立侧视图轮廓草图。按快捷键"Ctrl+L",在【图层设置】对话框中的工作图层输入 22 后按回车键,再单击鼠标中键退出【图层设置】对话框。选择菜单【插入】→【在任务环境中绘制草图】,直接单击鼠标中键,默认 YC-ZC 平面为草图平面、Y 轴为平参考,绘制如图 4-118 所示的草图。该草图中有 2 个圆及 4 条直线段,为方便后面构建网格面时选线,建议 2 个圆对半绘制后镜像。

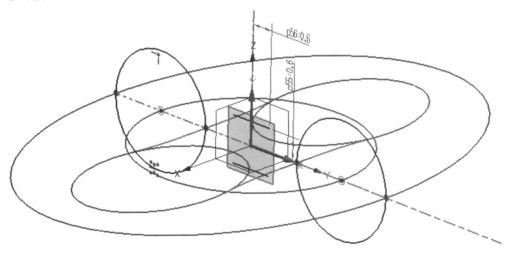

◆ 图 4-118　侧视图轮廓草图

(5) 建立前视图轮廓草图。按快捷键"Ctrl+L",在【图层设置】对话框中的工作图层输入 23 后按回车键,再单击鼠标中键退出【图层设置】对话框。选择菜单【插入】→【在任务环境中绘制草图】,直接单击鼠标中键,默认 XC-ZC 平面为草图平面、X 轴为水平参考,绘制如图 4-119 所示的草图。该草图为 3 个圆，为方便后面构建网格面时选线，建议对半绘制后镜像。

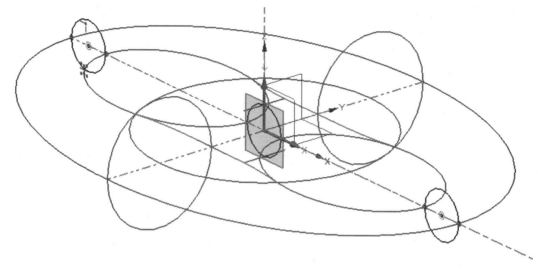

◆ 图 4-119　前视图轮廓草图

(6) 建立网格面实体毛坯。按快捷键"Ctrl+L"，在【图层设置】对话框中的工作图层输入 10 后按回车键，再单击鼠标中键退出【图层设置】对话框。单击曲面工具条上的通过曲线网格命令，选择主曲线和交叉曲线 (主曲线有 5 条且第一条和最后一条为同一条，交叉曲线有 5 条且第一条和第五条是同一条)，如图 4-120 所示。

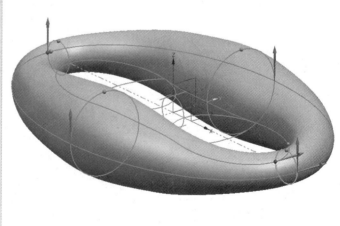

◆ 图 4-120　网格面实体毛坯

(7) 拆分实体。单击特征工具条中的拉伸图标 或按快捷键 "X"，选择 21 层草图曲线中的整圆，拉伸方向为 +Z 方向，拉伸开始距离为 −5，结束距离为 5，与第 (6) 步创建的实体求差，如图 4-121 所示。

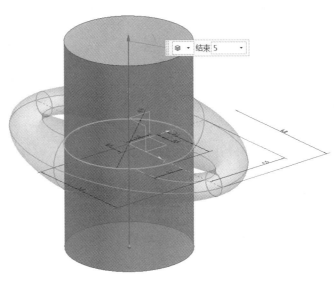

◆ 图 4-121　拆分实体

(8) 创建截面曲线。按快捷键 "Ctrl+L"，在【图层设置】对话框中的工作图层输入 42 后按回车键，再单击鼠标中键退出【图层设置】对话框。选择菜单【插入】→【派生曲线】→【截面】，要剖切的对象选择拆分后的实体表面，剖切平面选择 YC-ZC 面，单击【确定】按钮完成截面曲线的创建，如图 4-122 所示。

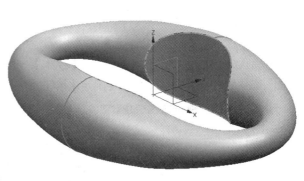

◆ 图 4-122　截面曲线

(9) 创建桥接曲线 2。选择菜单【插入】→【派生曲线】→【桥接】，在【桥接曲线】对话框中，分别选择第 (8) 步创建的截面曲线和相应 22 层草图中的直线段，创建如图 4-123 所示的 4 条桥接曲线。

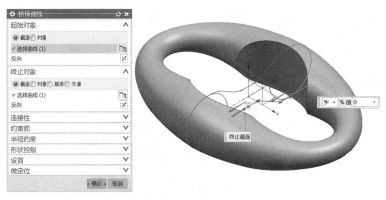

◆ 图 4-123　桥接曲线 2

(10) 创建修补的网格面。按快捷键"Ctrl+L"，在【图层设置】对话框中的工作图层输入 1 后按回车键，再单击鼠标中键退出【图层设置】对话框。单击曲面工具条上的通过曲线网格命令 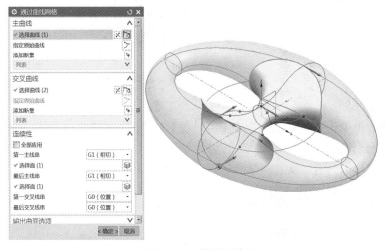，选择主曲线和交叉曲线 (主曲线有 3 条，交叉曲线有 5 条且第一条和第五条是同一条)，约束第一主线串和最后主线串处与钮扣主体曲面相切，如图 4-124 所示。

◆ 图 4-124　修补网格面

(11) 抽取钮扣主体曲面。选择菜单【插入】→【关联复制】→【抽取几何体】，类型选择面，选择钮扣主体曲面，单击【确定】按钮完成钮扣主体曲面的抽取，如图 4-125 所示。

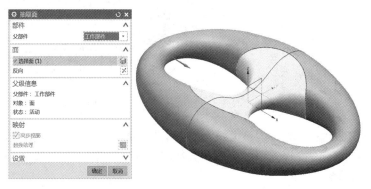

◆ 图 4-125　抽取钮扣主体曲面

(12) 生成钮扣实体。选择菜单【插入】→【组合】→【缝合】，目标选择钮扣主体曲面，工具选择第 (11) 步修补的网格曲面，单击鼠标中键完成两片体的缝合，生成钮扣实体，保存文件，如图 4-126 所示。

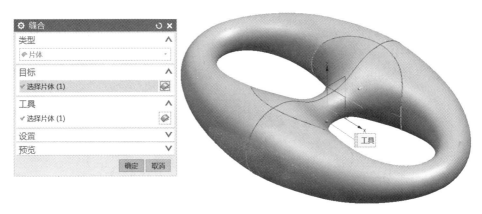

◆ 图 4-126　生成钮扣实体

4.7　肥皂盒模型设计

肥皂盒模型如图 4-127 所示。

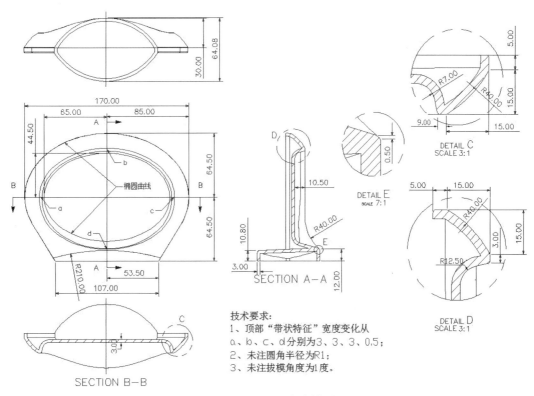

◆ 图 4-127　肥皂盒模型

肥皂盒模型设计步骤如下：

(1) 新建文件。选择工具栏中的 ![新建] 或按下键盘组合键 "Ctrl+N"，在【新建】对话框中，模板选择【模型】，默认单位为 mm，在名称栏输入 "feizaohe"，文件夹设置为 E:\product design，单击【确定】按钮或鼠标中键退出【新建】对话框。

(2) 建立产品重要尺寸的表达式，方便后期对产品的修改。选择菜单【工具】→【表达式】或按快捷键 "Ctrl+E"，在【表达式】对话框中，可知该产品的长、宽、高分别为 170、129、64，截面半径为 40，设定参数为 length=170、width=129、height=64、r=40，如图 4-128 所示。

◆ 图 4-128 产品重要尺寸的表达式

(3) 建立控制产品轮廓的相关基准面。按快捷键 "Ctrl+L"，在【图层设置】对话框中的工作图层输入 62 后按回车键，再单击鼠标中键退出【图层设置】对话框。单击特征工具条上的基准平面图标 ![图标]，创建如图 4-129 所示的基准面，其中 1、3 基准面相对 YC-ZC 面分别偏置 -len/2 和 len/2，2、4 基准面相对于 XC-ZC 分别偏置 -wid/2 和 wid/2。

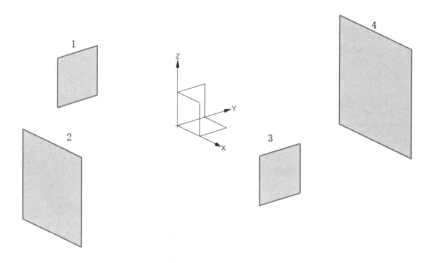

图4-129 控制产品轮廓的相关基准面

(4) 建立俯视图轮廓草图。按快捷键"Ctrl+L", 在【图层设置】对话框中的工作图层输入 21 后按回车键, 再单击鼠标中键退出【图层设置】对话框。选择菜单【插入】→【在任务环境中绘制草图】, 直接单击鼠标中键, 默认 XC-YC 平面为草图平面、X 轴为水平参考, 绘制如图 4-130 所示的草图。该草图左右对称, 建议对半绘制后镜像, 并与 62 层相关基准面建立相关约束。

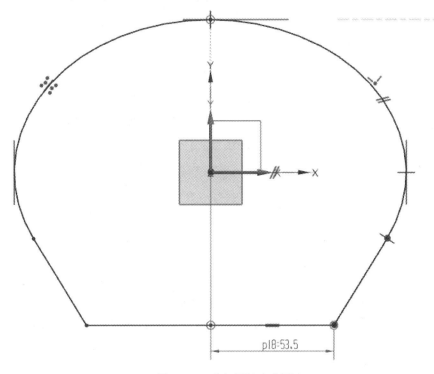

◆ 图 4-130 俯视图轮廓草图

(5) 建立内轮廓草图。

① 建立偏移基准面。按快捷键"Ctrl+L", 在【图层设置】对话框中的工作图层输入 63 后按回车键, 再单击鼠标中键退出【图层设置】对话框。单击特征工具条上的基准平面图标 , 输入偏置距离为 5, 单击鼠标中键完成基准面的创建, 如图 4-131 所示。

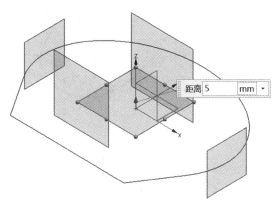

◆ 图 4-131 偏移基准面

② 建立内轮廓椭圆草图。按快捷键"Ctrl+L"，在【图层设置】对话框中的工作图层输入 22 后按回车键，再单击鼠标中键退出【图层设置】对话框。选择菜单【插入】→【在任务环境中绘制草图】，选择第①步创建的基准面为草图平面、X 轴为水平参考，绘制如图 4-132 所示的草图。该草图对称，建议画 1/4 椭圆后镜像。

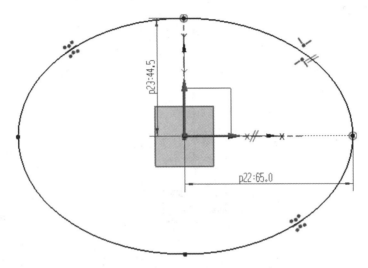

◆ 图 4-132　内轮廓椭圆草图

(6) 建立前视图轮廓线草图。按快捷键"Ctrl+L"，在【图层设置】对话框中的工作图层输入 23 后按回车键，再单击鼠标中键退出【图层设置】对话框。选择菜单【插入】→【在任务环境中绘制草图】，草图安放面选择基准面 2，并与 21 层草图和 62 层基准建立相关约束，如图 4-133 所示。该草图对称，建议对半绘制后镜像。

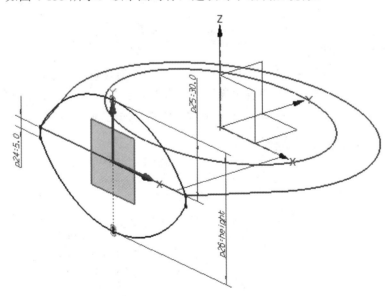

◆ 图 4-133　前视图轮廓线草图

(7) 建立 A-A 剖面轮廓草图。按快捷键"Ctrl+L"，在【图层设置】对话框中的工作图层输入 24 后按回车键，再单击鼠标中键退出【图层设置】对话框。选择菜单【插入】→【在任务环境中绘制草图】，草图安放面选择 YC-ZC 基准面，并与 21、23 层草图和 62 层基准建立相关约束，如图 4-134 所示。该草图对称，建议对半绘制后镜像。

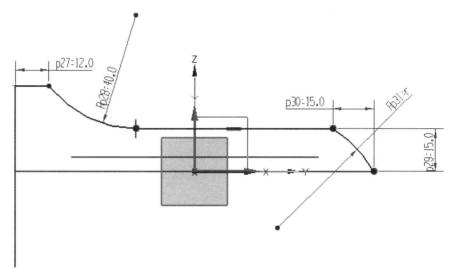

◆ 图 4-134　A-A 剖面轮廓草图

(8) 建立 B-B 剖面线草图。按快捷键"Ctrl+L"，在【图层设置】对话框中的工作图层输入 25 后按回车键，再单击鼠标中键退出【图层设置】对话框。选择菜单【插入】→【在任务环境中绘制草图】，草图安放面选择 XC-ZC 基准面，绘制如图 4-135 所示的草图。该草图为左右对称的两段圆弧，与 A-A 剖面草图建立表达式相关。

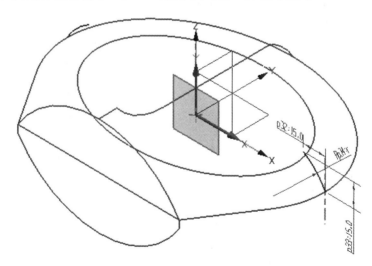

◆ 图 4-135　B-B 剖面线草图

(9) 建立顶面边缘轮廓草图。

① 建立内部顶面边缘轮廓草图。按快捷键"Ctrl+L"，在【图层设置】对话框中的工作图层输入 26 后按回车键，再单击鼠标中键退出【图层设置】对话框。选择菜单【插入】→【在任务环境中绘制草图】，草图安放面选择 XC-YC 基准面，如图 4-136 所示。按要求绘制椭圆曲线，该草图对称，建议作四分之一椭圆后镜像，方便后面构面时控制起点一致。

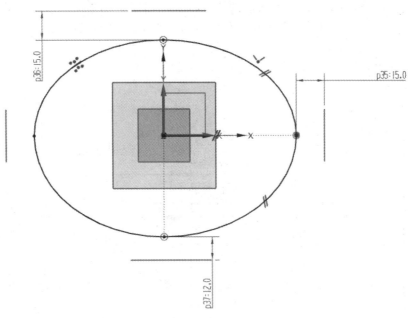

◆ 图 4-136　内部顶面边缘轮廓草图

　　② 建立内部顶面第二个边缘轮廓线草图。按快捷键"Ctrl+L"，在【图层设置】对话框中的工作图层输入 27 后按回车键，再单击鼠标中键退出【图层设置】对话框。选择菜单【插入】→【在任务环境中绘制草图】，草图安放面选择 XC-YC 基准面，如图 4-137 所示。按要求绘制椭圆曲线，该草图对称，建议作四分之一椭圆后镜像，方便后面构面时控制起点一致，注意：26、27 层草图也可用规律控制偏置曲线的方式建立，但须对半作图 (即考虑端点位置)。

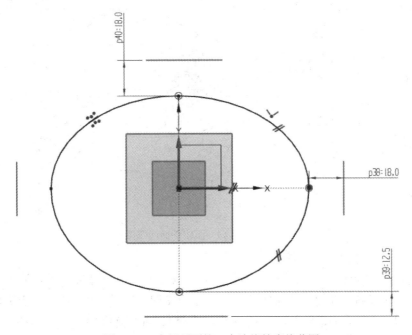

◆ 图 4-137　内部顶面第二个边缘轮廓线草图

(10) 建立顶部空间曲线。

① 生成肥皂盒顶部外侧空间曲线。按快捷键"Ctrl+L"，在【图层设置】对话框中，设置第41层为工作层，再单击鼠标中键退出【图层设置】对话框。选择菜单【插入】→【派生曲线】→【组合投影】，曲线1选择24层草图曲线，曲线2选择26层草图曲线，单击鼠标中键完成组合投影曲线的创建，如图4-138所示。

 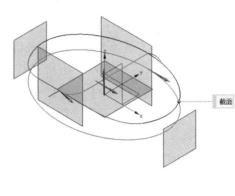

◆ 图 4-138 肥皂盒顶部外侧空间曲线

② 生成肥皂盒顶部内侧空间曲线。按"F4"键重复使用组合投影命令，曲线1选择24层草图曲线，曲线2选择27层草图曲线，单击鼠标中键完成组合投影曲线的创建，如图4-139所示。

 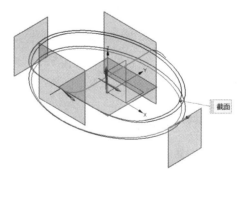

◆ 图 4-139 肥皂盒顶部内侧空间曲线

(11) 建立网格曲面 - 拆分曲线。

① 编辑曲线长度。按快捷键"Ctrl+L"，在【图层设置】对话框中，设置第42层为工作层，再单击鼠标中键退出【图层设置】对话框。选择菜单【编辑】→【曲线】→【长度】，在【曲线长度】对话框中，选择图4-140所示的一条边，输入开始值为 –30，单击鼠标中键完成曲线长度的编辑。

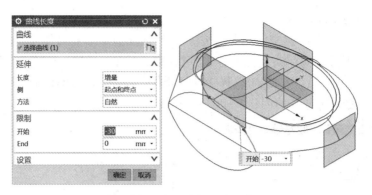

◆ 图 4-140 编辑曲线长度

② 建立桥接曲线。选择菜单【插入】→【派生曲线】→【桥接】，在【桥接曲线】对话框中，按照图 4-141 所示的两曲线作桥接曲线，单击鼠标中键完成曲线的桥接，使五边形拆分为四边形，如图 4-142 所示。

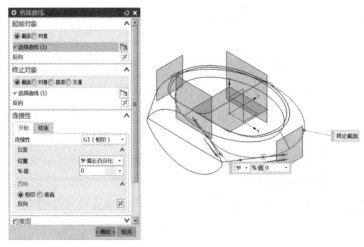

◆ 图 4-141 桥接曲线

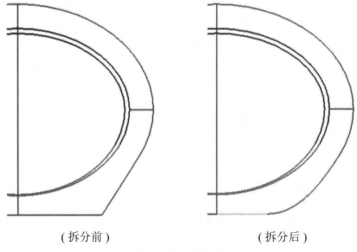

（拆分前）　　　　　　　　　　　　（拆分后）

◆ 图 4-142 五边面拆分

(12) 对网格面处理——建立拉伸相切面，构建网格曲面。

① 建立拉伸辅助片体。按快捷键"Ctrl+L"，在【图层设置】对话框中的工作图层输入 82 后按回车键，设置 24 层可选，再单击鼠标中键退出【图层设置】对话框。单击特征工具条中的拉伸图标 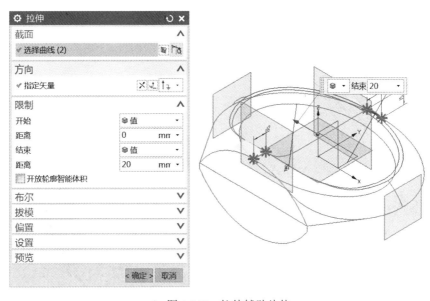 或按快捷键"X"，选择如图 4-143 所示的两条曲线，拉伸方向为−X 方向，拉伸距离为 20。

◆ 图 4-143　拉伸辅助片体

② 建立顶部网格面。按快捷键"Ctrl+L"，在【图层设置】对话框中的工作图层输入 81 后按回车键，设置 24、25、41、42、82 层可选，再单击鼠标中键退出【图层设置】对话框。单击曲面工具条上的通过曲线网格图标 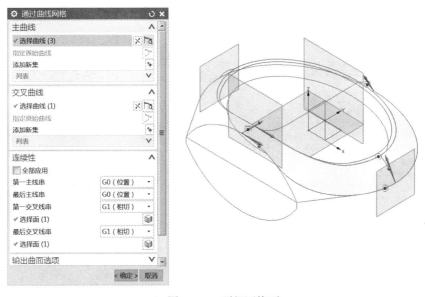，选择主曲线和交叉曲线 (主曲线有 2 条，交叉曲线有 3 条且第一条和第三条与第①步拉伸侧面约束相切)，如图 4-144 所示。

◆ 图 4-144　顶部网格面

(13) 建立修补曲面草图，修剪曲面。

① 创建修补曲面草图。按快捷键"Ctrl+L"，在【图层设置】对话框中的工作图层输入 28 后按回车键，再单击鼠标中键退出【图层设置】对话框。选择菜单【插入】→【在任务环境中绘制草图】，草图安放面选择 XC-YC 面，约束为：1 处为 42 层编辑曲线的圆弧相关点，2 处为 21 层椭圆弧与直线交点，如图 4-145 所示。

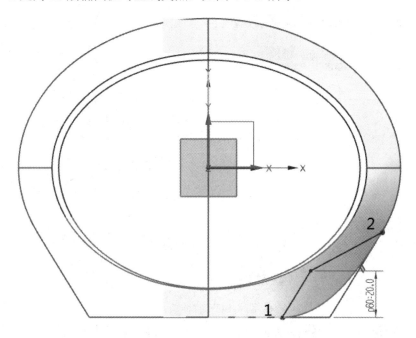

◆ 图 4-145　修补曲面草图

② 修剪曲面。单击特征工具条上的修剪片体图标 🔌，选择网格曲面的目标，边界选择第①步绘制的草图，投影方向设置为+ZC，单击鼠标中键完成曲面的修剪，如图 4-146(a)、(b) 所示。

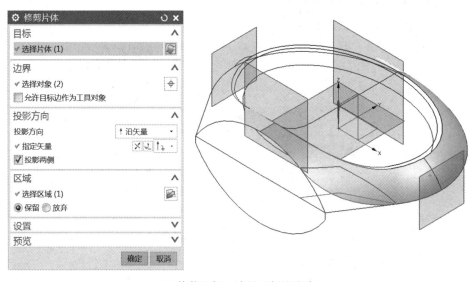

(a) 修剪目标、边界及投影方向

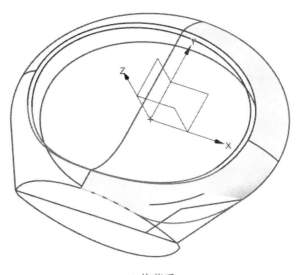

(b) 修剪后

◆ 图 4-146 修剪曲面

(14) 建立修补曲面，缝合并镜像曲面。

① 按快捷键"Ctrl+L"，在【图层设置】对话框中，左键双击 81 层，再单击鼠标中键退出【图层设置】对话框。单击曲面工具条上的通过曲线网格图标 ⬛，选择主曲线和交叉曲线 (主曲线和交叉曲线均有 2 条，在第一主线串和最后交叉线串处约束相切)，如图 4-147 所示。

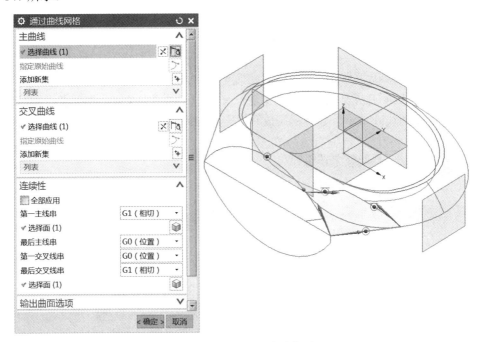

◆ 图 4-147 建立修补曲面

② 缝合曲面。选择菜单【插入】→【组合】→【缝合】，目标选择原网格曲面，工具选择修补的网格曲面，单击鼠标中键完成两片体的缝合，如图 4-148 所示。

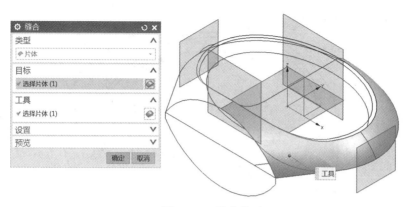

◆ 图 4-148 缝合曲面

③ 镜像曲面。选择菜单【插入】→【关联复制】→【镜像几何体】，选择第②步缝合后的曲面为要镜像的几何体，镜像平面为 YC-ZC 基准面，单击鼠标中键完成曲面的镜像，如图 4-149 所示。

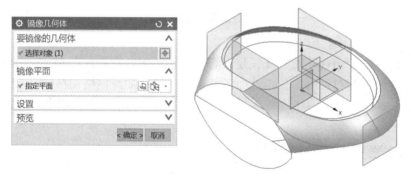

◆ 图 4-149 镜像曲面

(15) 建立顶部带状曲面、侧面及内部底面。

① 建立内部底面有界平面。选择菜单【插入】→【曲面】→【有界平面】，选择图 4-150 所示的高亮显示曲线，单击鼠标中键完成有界平面的创建。

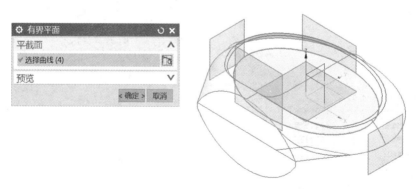

◆ 图 4-150 内部底面有界平面

② 建立内部侧面直纹面。选择菜单【插入】→【网格曲面】→【直纹】，截面线串 1、2 分别选择图 4-151 所示的高亮显示的曲线。注意：截面线串箭头的起点和指向应一致，去掉保留形状前的勾，修改对齐方式为弧长。

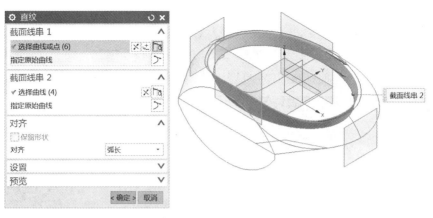

◆ 图 4-151　内部侧面直纹面

(16) 建顶部带状曲面，缝合所有曲面。

① 按 "F4" 键重复使用直纹面命令，选择侧面边缘与顶面边缘分别为线串 1、线串 2，如图 4-152 所示。注意：截面线串箭头的起点和指向应一致，去掉保留形状前的勾，修改对齐方式为弧长。

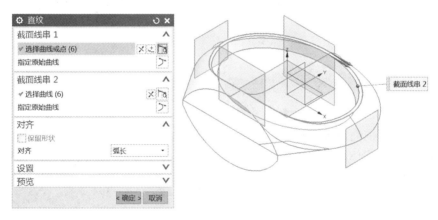

◆ 图 4-152　顶部带状曲面

② 缝合曲面。选择菜单【插入】→【组合】→【缝合】，目标选择任一曲面，工具选择所有曲面，单击鼠标中键完成曲面的缝合，如图 4-153 所示。

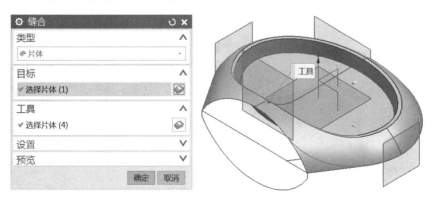

◆ 图 4-153　缝合曲面

(17) 建立肥皂盒实体模型。

① 按快捷键 "Ctrl+L"，在【图层设置】对话框中，设置 1 层为工作层，单击特征工具条中的拉伸图标 或按快捷键 "X"，曲线规则选择 相连曲线，选择图 4-154 所示的高亮显示曲线，拉伸方向为 +Z 方向，开始距离为 −5，结束距离为 50。

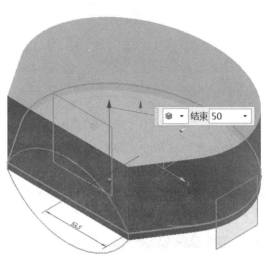

◆ 图 4-154　拉深实体毛坯

② 使用 81 层曲面对实体补片。选择菜单【插入】→【组合】→【补片】，目标选择第①步创建的拉伸实体，工具选择肥皂盒主体曲面，单击鼠标中键用肥皂盒主体曲面替换掉实体上半部分，从而得肥皂盒实体，如图 4-155 所示。

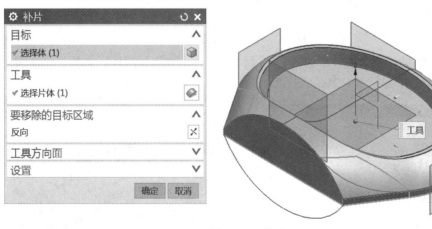

◆ 图 4-155　补片

(18) 倒圆角及挖空。

① 对内部边缘倒 R7 圆角。单击特征工具条上的边倒圆图标，选择图 4-156 所示的边线，设置圆角半径为 7，单击鼠标中键完成圆角特征的创建。

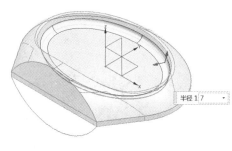

◆ 图 4-156　倒圆角

② 挖空侧面及底面。单击特征工具条上的抽壳图标，使用相切面选择图 4-157 所示的肥皂盒底面和侧面，输入厚度为 3，单击鼠标中键完成抽壳特征的创建。

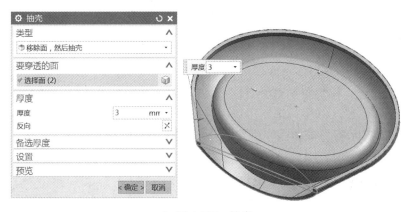

◆ 图 4-157　抽壳

(19) 建立左侧安装形状草图曲线。

① 创建引导线草图。按快捷键"Ctrl+L"，在【图层设置】对话框中的工作图层输入 29 后按回车键，设置 24、61、62 层可选，再单击鼠标中键退出【图层设置】对话框。选择菜单【插入】→【在任务环境中绘制草图】，草图安放面选择 YC-ZC 面，如图 4-158 所示。

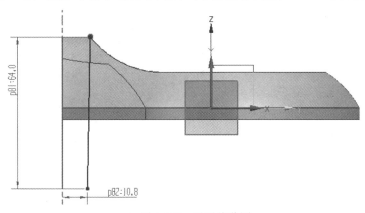

◆ 图 4-158　引导线草图

② 创建截面线草图。按快捷键"Ctrl+L"，在【图层设置】对话框中的工作图层输入 30 后按回车键，设置 29、61、62 层可选，再单击鼠标中键退出【图层设置】对话框。选择菜单【插入】→【在任务环境中绘制草图】，草图安放面选择 XC-YC 面，如图 4-159 所示。

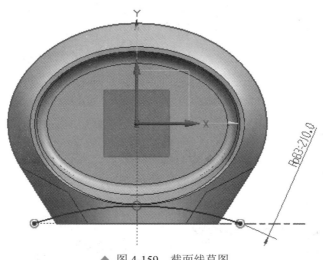

◆ 图 4-159 截面线草图

(20) 建立扫掠曲面及拉伸实体。

① 创建扫掠面。按快捷键"Ctrl+L"，在【图层设置】对话框中的工作图层输入 83 后按回车键，设置 29、30 层可选，再单击鼠标中键退出【图层设置】对话框。单击曲面工具条上的扫掠图标 ，截面线和引导线分别选择 30、29 层草图曲线，单击鼠标中键完成扫掠曲面的创建，如图 4-160 所示。

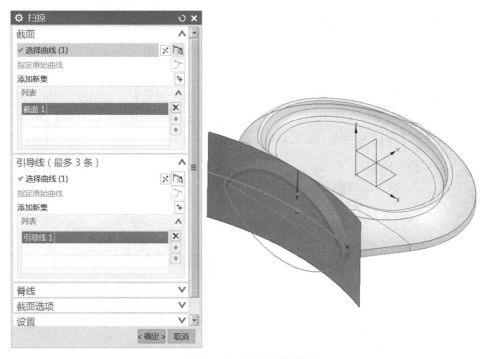

◆ 图 4-160 创建扫掠曲面

② 拉伸肥皂盒安放处实体。按快捷键"Ctrl+L"，在【图层设置】对话框中，设置第 2 层为工作层，单击特征工具条中的拉伸图标 或按快捷键"X"，曲线规则选择 相连曲线 ，选择图 4-161 所示的高亮显示曲线，拉伸方向为 +Y 方向，开始距离为 0，结束设置为"直至选定"，选择第①步创建的扫掠曲面。

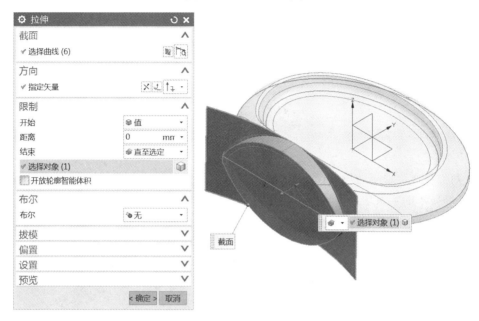

◆ 图 4-161　拉伸肥皂盒安放处实体

③ 相加实体并挖空侧面。单击特征工具条上的求和图标 ，目标选择肥皂盒实体，工具第②步创建的拉伸实体，单击鼠标中键确定。单击特征工具条上的抽壳图标 ，选择图 4-162 所示的安放处侧面，输入厚度为 3，单击鼠标中键完成抽壳特征的创建。

◆ 图 4-162　相加实体并挖空侧面

(21) 完成细节设计。

① 对红色高亮显示边拔模。单击特征工具条上的拔模图标 ，类型选择从边拔模，脱模方向指定为 +ZC 轴，固定边选择图 4-163 所示的高亮显示边，设置拔模角度为 1，单击鼠标中键完成拔模特征的创建。

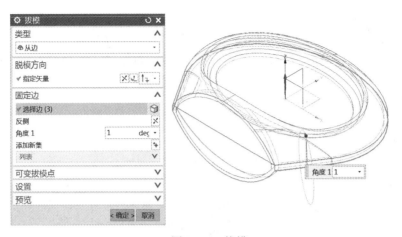

◆ 图 4-163 拔模

② 对红色高亮显示边倒 R1 圆角。单击特征工具条上的边倒圆图标，选择图 4-164 所示的高亮显示的 4 条边，设置圆角半径为 1，单击鼠标中键完成圆角特征的创建。

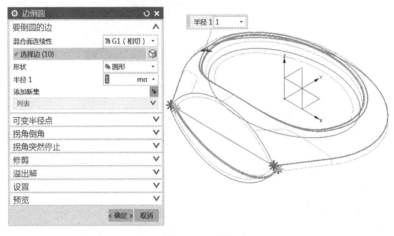

◆ 图 4-164 倒圆角

(22) 对产品参数进行更改，测试产品的相关性，保存文件。由表达式修改产品的长、宽、高及半径数值，分别改为 180、135、65 及 50。模型顺利更新 (如出现更新失败，向上检查原因，并对其修改)，如图 4-165 所示。

◆ 图 4-165 测试产品相关性

4.8 PDA 面壳模型设计

PDA 面壳模型设计步骤如下:

(1) 新建文件。选择工具栏中的 新建 或按组合键"Ctrl+N",在【新建】对话框中,模板选择【模型】,默认单位为 mm,在名称栏输入"PDA",文件夹设置为 E:\product design,单击【确定】按钮或鼠标中键退出【新建】对话框。

(2) 绘制草图 1。按快捷键"Ctrl+L",在【图层设置】对话框中的工作图层输入 21 后按回车键,再单击鼠标中键退出【图层设置】对话框。选择菜单【插入】→【在任务环境中绘制草图】,直接单击鼠标中键,默认 XC-YC 平面为草图放置面、X 轴为水平参考,绘制如图 4-166 所示的草图。该草图左右对称,建议对半绘制后镜像。

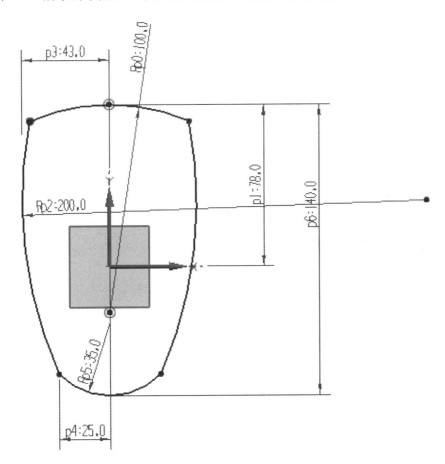

◆ 图 4-166 草图 1

(3) 绘制草图 2。按快捷键"Ctrl+L",在【图层设置】对话框中的工作图层输入 22 后按回车键,再单击鼠标中键退出【图层设置】对话框。选择菜单【插入】→【在任务环境中绘制草图】,单击鼠标中键,默认 XC-YC 平面为草图放置面、X 轴为水平参考,绘制如图 4-167 所示的草图。该草图左右对称,建议对半绘制后镜像。

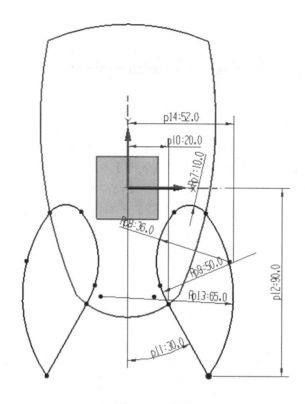

◆ 图 4-167　草图 2

(4) 创建偏移基准面 1。按快捷键"Ctrl+L"，在【图层设置】对话框中的工作图层输入 62 后按回车键，再单击鼠标中键退出【图层设置】对话框。单击特征工具条上的基准平面图标，类型设置为自动判断，选择 XC-YC 基准面，输入距离为 4.5，如图 4-168 所示。

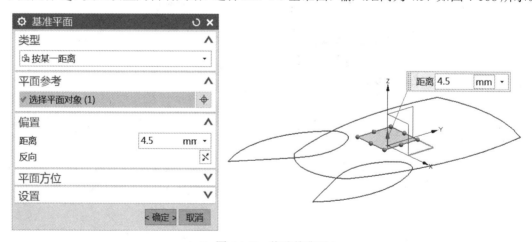

◆ 图 4-168　偏移基准面 1

(5) 绘制草图 3。按快捷键"Ctrl+L"，在【图层设置】对话框中的工作图层输入 23 后按回车键，再单击鼠标中键退出【图层设置】对话框。选择菜单【插入】→【在任务环境中绘制草图】，单击鼠标中键，选择第 (4) 步创建的基准面 1 为草图放置面、X 轴为水平参考，绘制如图 4-169 所示的草图。该草图左右对称，建议对半绘制后镜像。

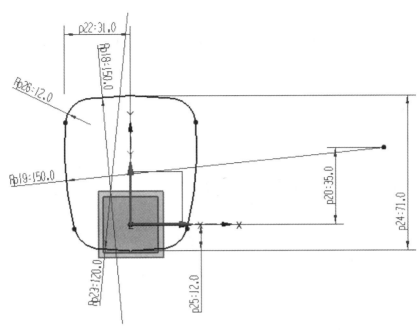

◆ 图 4-169 草图 3

(6) 绘制草图 4。按快捷键 "Ctrl+L"，在【图层设置】对话框中的工作图层输入 24 后按回车键，再单击鼠标中键退出【图层设置】对话框。选择菜单【插入】→【在任务环境中绘制草图】，直接单击鼠标中键，默认 XC-YC 平面为草图放置面、X 轴为水平参考，绘制如图 4-170 所示的草图。

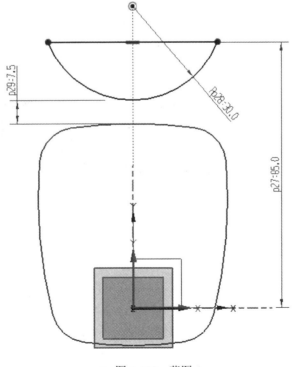

◆ 图 4-170 草图 4

(7) 创建拉伸毛坯。按快捷键"Ctrl+L"，在【图层设置】对话框中，设置 1 层为工作层后按回车键，单机鼠标中键退出【图层设置】对话框。单击特征工具条中的拉伸图标 📖 或按快捷键"X"，选择 21 层草图曲线，拉伸方向为 +ZC 方向，拉伸距离为 20，单击【确定】按钮完成拉伸特征的创建，如图 4-171 所示。

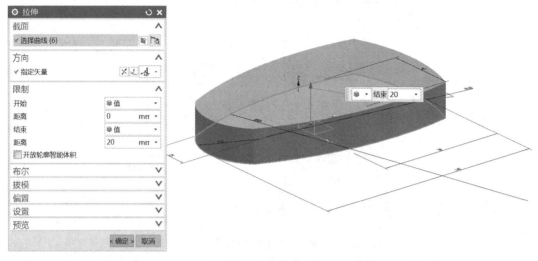

◆ 图 4-171　拉伸毛坯

(8) 创建头部拉伸特征。选择 24 层草图曲线，拉伸方向为 +ZC 轴，开始距离设为 –10，结束距离设为 20，与第 (7) 步创建的拉伸实体求差，单击【确定】按钮完成拉伸特征的创建，如图 4-172 所示。

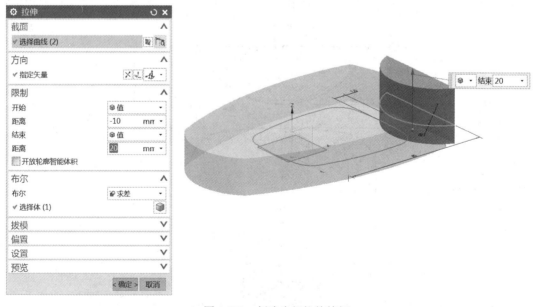

◆ 图 4-172　创建头部拉伸特征

(9) 创建中间拉伸特征。选择 23 层草图曲线，开始距离设为 –10，结束距离设为 20，拔模角度为 –3，与第 (8) 步创建的拉伸实体求差，单击【确定】按钮完成拉伸特征的创建，如图 4-173 所示。

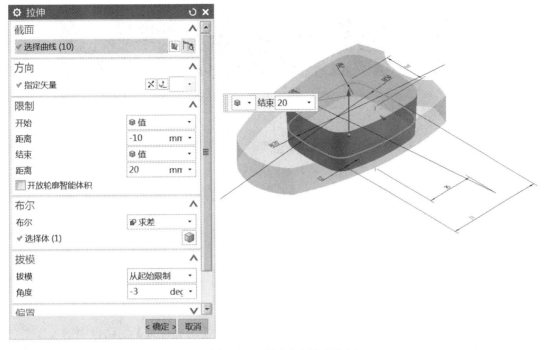

◆ 图 4-173 创建中间拉伸特征

(10) 创建偏移基准面 2。按快捷键"Ctrl+L"，在【图层设置】对话框中的工作图层输入 63 后按回车键，再单击鼠标中键退出【图层设置】对话框。单击特征工具条上的基准平面图标，类型设置为自动判断，选择 XC-ZC 基准面，输入距离为 8，如图 4-174 所示。

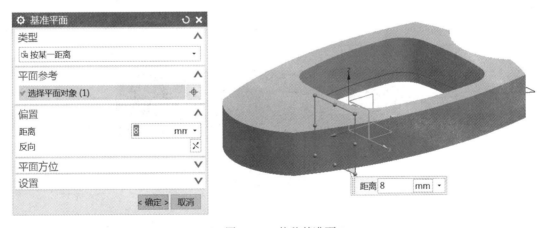

◆ 图 4-174 偏移基准面 2

(11) 创建扫掠面引导线。按快捷键"Ctrl+L"，在【图层设置】对话框中的工作图层输入 25 后按回车键，再单击鼠标中键退出【图层设置】对话框。选择菜单【插入】→【在任务环境中绘制草图】，单击鼠标中键，默认 YC-ZC 平面为草图放置面、Y 轴为水平参考，绘制如图 4-175 所示的草图。

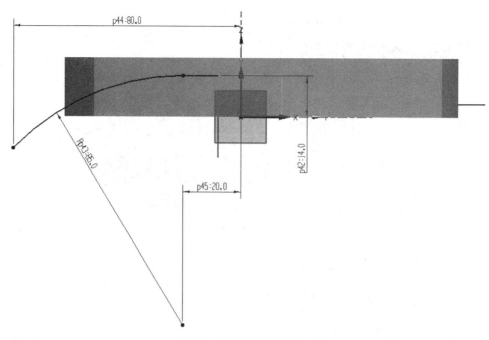

◆ 图 4-175　创建扫掠面引导线

(12) 创建扫掠面截面线。按快捷键"Ctrl+L"，在【图层设置】对话框中的工作图层输入 26 后按回车键，再单击鼠标中键退出【图层设置】对话框。选择菜单【插入】→【在任务环境中绘制草图】，选择第 (10) 步创建的基准面 2 为草图放置面、X 轴为水平参考，绘制如图 4-176 所示的草图。该草图左右对称，建议对半绘制后镜像。

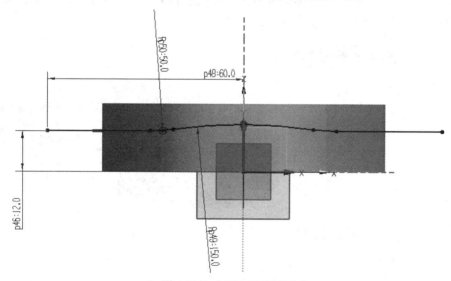

◆ 图 4-176　创建扫掠面截面线

(13) 创建扫掠面。按快捷键"Ctrl+L"，在【图层设置】对话框中的工作图层输入 81 后按回车键，设置 25、26 层可选，再单击鼠标中键退出【图层设置】对话框。单击曲面工具条上的扫掠图标，截面线和引导线分别选择 26、25 层草图曲线，单击鼠标中键完成扫掠面的创建，如图 4-177 所示。

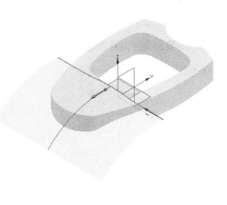

◆ 图 4-177 创建扫掠面

(14) 创建拉伸截面草图。按快捷键"Ctrl+L"，在【图层设置】对话框中的工作图层输入 27 后按回车键，再单击鼠标中键退出【图层设置】对话框。选择菜单【插入】→【在任务环境中绘制草图】，选择 XZ 平面为草图放置面、Y 轴为水平参考，绘制如图 4-178 所示草图。

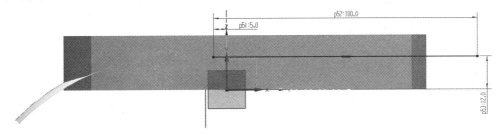

◆ 图 4-178 创建拉伸截面草图

(15) 创建拉伸片体。按快捷键"Ctrl+L"，在【图层设置】对话框中，设置 81 层为工作层，再单击鼠标中键退出【图层设置】对话框。单击特征工具条中的拉伸图标或按快捷键"X"，选择 27 层草图直线，拉伸方向为 +X 方向，对称拉伸距离为 60，如图 4-179 所示。

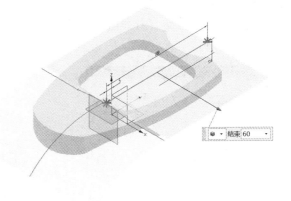

◆ 图 4-179 创建拉伸片体

(16) 创建扫描面和拉伸面的桥接面。选择菜单【插入】→【细节特征】→【桥接】，边 1 和边 2 分别选择如图 4-180 所示的高亮显示边，单击鼠标中键完成桥接面的创建。

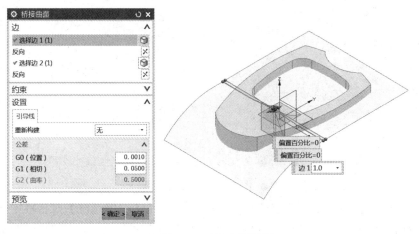

◆ 图 4-180　创建桥接面

(17) 缝合扫描面、拉伸面和桥接面。选择菜单【插入】→【组合】→【缝合】，目标选择任一曲面，工具框选所有曲面，单击鼠标中键完成曲面的缝合，如图 4-181 所示。

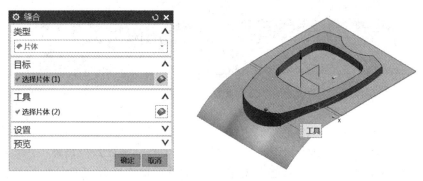

◆ 图 4-181　缝合片体

(18) 修剪体。按快捷键"Ctrl+L"，在【图层设置】对话框中，设置 1 层为工作层，再单击鼠标中键退出【图层设置】对话框。单击特征工具条上的修剪体图标 ，目标拉伸实体，工具选项选择第 (17) 步缝合的曲面，单击鼠标中键完成修剪体操作，如图 4-182 所示。

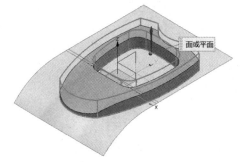

◆ 图 4-182　修剪体

(19) 绘制内部轮廓草图。按快捷键"Ctrl+L"，在【图层设置】对话框中的工作图层输入 28 后按回车键，再单击鼠标中键退出【图层设置】对话框。选择菜单【插入】→【在任务环境中绘制草图】，默认 XC-YC 基准面为草图放置面、X 轴为水平参考，绘制如图 4-183 所示的草图。该草图左右对称，建议对半绘制后镜像。

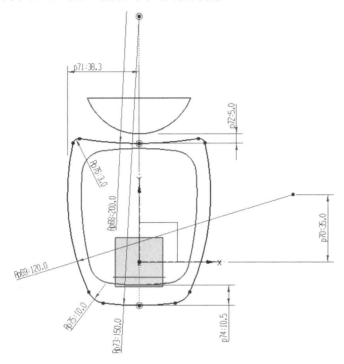

◆ 图 4-183　内部轮廓草图

(20) 投影曲线。按快捷键"Ctrl+L"，在【图层设置】对话框中的工作图层输入 41 后按回车键，再单击鼠标中键退出【图层设置】对话框。选择菜单【插入】→【派生曲线】→【投影】，选择 28 层草图曲线，使之沿 +ZC 轴投影至 1 层实体表面，如图 4-184 所示。

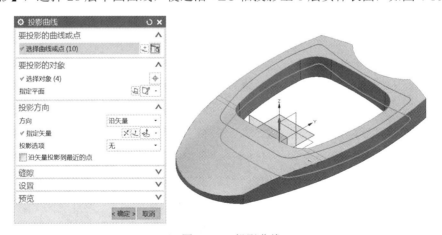

◆ 图 4-184　投影曲线

(21) 建立偏置曲线。按快捷键"Ctrl+L"，在【图层设置】对话框中的工作图层输入 42 后按回车键，再单击鼠标中键退出【图层设置】对话框。选择菜单【插入】→【派生曲线】

→【偏置】，偏置类型设置为拔模，选择 23 层草图曲线，高度为 −5，单击【确定】将 23 层草图曲线向上偏移 5，如图 4-185 所示。

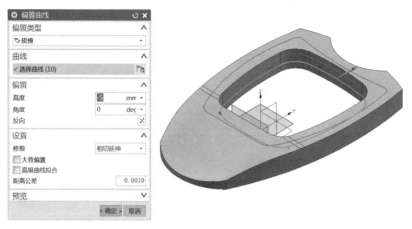

◆ 图 4-185　偏置曲线

(22) 创建直纹面。按快捷键"Ctrl+L"，在【图层设置】对话框中的工作图层输入 82 后按回车键，再单击鼠标中键退出【图层设置】对话框。选择菜单【插入】→【网格曲面】→【直纹】，截面线串 1、2 分别选择如图 4-186 所示的高亮显示的曲线。注意：截面线串箭头的起点和指向应一致，去掉保留形状前的勾，修改对齐方式为弧长。

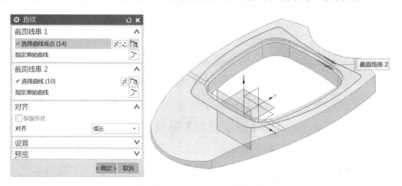

◆ 图 4-186　创建直纹面

(23) 利用第 (22) 步创建的直纹面修剪实体。单击特征工具条上的修剪体图标，目标拉伸实体，工具选项选择第 (22) 步创建的直纹面，单击鼠标中键完成修剪体的操作，如图 4-187 所示。

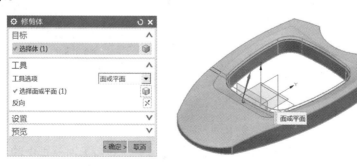

◆ 图 4-187　修剪体

(24) 偏置曲线。按快捷键"Ctrl+L"，在【图层设置】对话框中的工作图层输入 43 后按回车键，再单击鼠标中键退出【图层设置】对话框。选择菜单【插入】→【派生曲线】→【偏置】，偏置类型设置为距离，曲线规则选择单条曲线，选择如图 4-188 所示的高线显示曲线，设置距离为 1.5，单击【确定】按钮完成曲线的偏置。

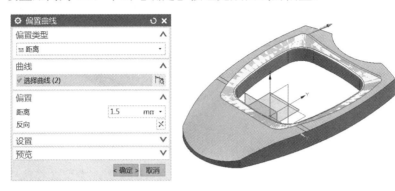

◆ 图 4-188　偏置曲线

(25) 编辑偏置曲线。选择菜单【编辑】→【曲线】→【长度】，在【曲线长度】对话框中，分别选择如图 4-189(a)、(b) 所示的一条边，输入开始值为 10，单击鼠标中键完成曲线长度的编辑。

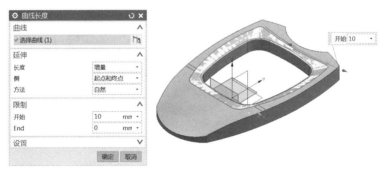

(a) 编辑右侧曲线长度

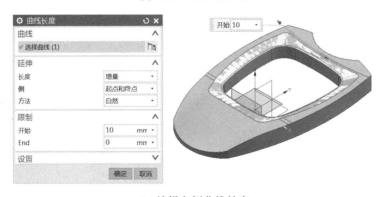

(b) 编辑左侧曲线长度

◆ 图 4-189　编辑偏置曲线

(26) 分割面。单击特征工具条上的分割面图标 ，要分割的面选择实体上表面的 4 个面，分割对象选择第 (25) 步编辑后的曲线，投影方向指定为 +ZC 轴，单击【确定】按钮，完成实体上表面的分割，如图 4-190 所示。

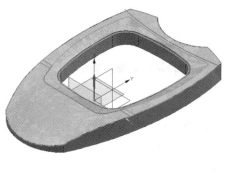

◆ 图 4-190　分割面

(27) 对实体头部拔模。单击特征工具条上的拔模图标 ，类型选择从边拔模，脱模方向指定为 +YC 轴，固定边选择如图 4-191 所示的实体头部编辑曲线所处的边，设置拔模角度为 10，单击鼠标中键完成拔模特征的创建。

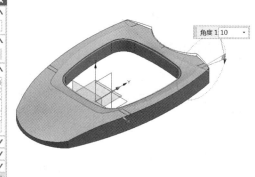

◆ 图 4-191　拔模

(28) 倒 R2 圆角。单击特征工具条上的边倒圆图标 ，选择如图 4-192 所示的高亮显示边，设置圆角半径为 2，单击鼠标中键完成圆角特征的创建。

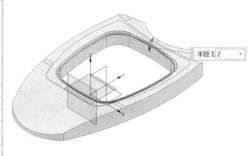

◆ 图 4-192　倒圆角

(29) 对实体最大轮廓四周拔模。单击特征工具条上的拔模图标 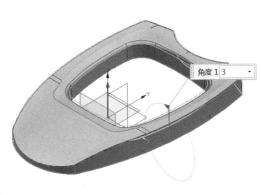，类型选择从平面或从曲面，脱模方向指定为 +ZC 轴，固定面选择实体底面，要拔模的面选择实体周边各面，设置拔模角度为 3，单击鼠标中键完成拔模特征的创建，如图 4-193 所示。

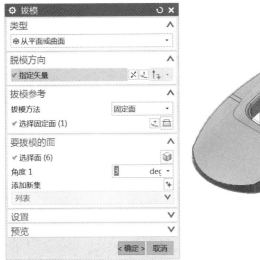

◆ 图 4-193　拔模

(30) 倒 R5 圆角。单击特征工具条上的边倒圆图标 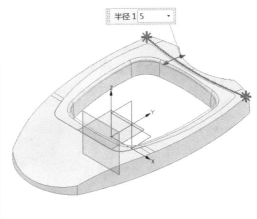，选择如图 4-194 所示的高亮显示边，设置圆角半径为 5，单击鼠标中键完成圆角特征的创建。

◆ 图 4-194　倒圆角

(31) 倒可变半径圆角。单击特征工具条上的边倒圆图标 ，选择如图 4-195(a) 所示的高亮显示各边，设置圆角半径为 5，设置可变半径点位置如图 4-195(a) 所示。按照逆时针输入可变半径分别为 10、12、4、4、12、10，单击【确定】按钮完成圆角的创建。选择如图 4-195(b) 所示的高亮显示各边，设置圆角半径为 8，设置可变半径点位置如图 4-195(b) 所示，除实体中间部位两点半径为 6，其余各点半径均为 3，单击【确定】按钮完成圆角的创建。

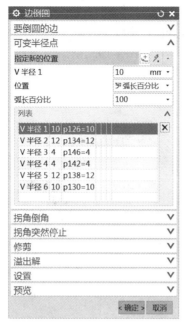
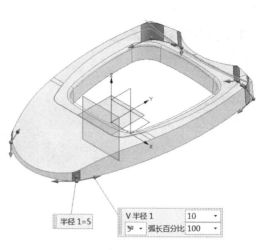

(a) 外侧角落

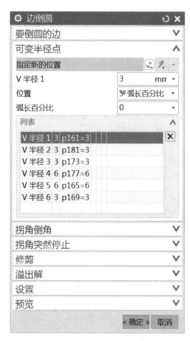
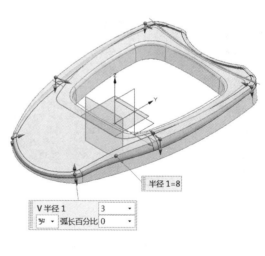

(b) 上边缘

◆ 图 4-195　倒可变半径圆角

（32）创建"爪"部实体毛坯。按快捷键"Ctrl+L"，在【图层设置】对话框中，设置 2 层为工作层后按回车键，单击鼠标中键退出【图层设置】对话框。单击特征工具条中的拉伸图标 或按快捷键"X"，选择 22 层草图曲线，拉伸方向为 +ZC 方向，拉伸开始距离为 -20，结束距离为 30，单击【确定】按钮完成拉伸特征的创建，如图 4-196 所示。

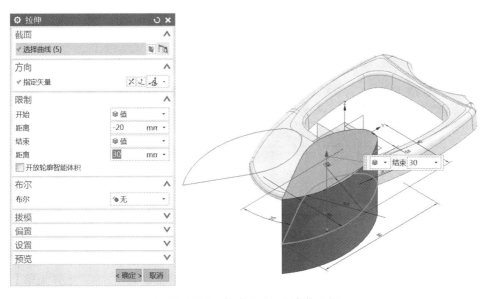

◆ 图 4-196 创建"爪"部实体毛坯

(33) 创建与"爪"部实体毛坯求差特征。拉伸 1 层实体的边与 22 层草图曲线共有区域，拉伸方向为 +ZC 方向，拉伸开始距离为 −20，结束距离为 0，与第 (32) 步创建的 2 层实体求差，单击【确定】按钮完成拉伸特征的创建，如图 4-197 所示。

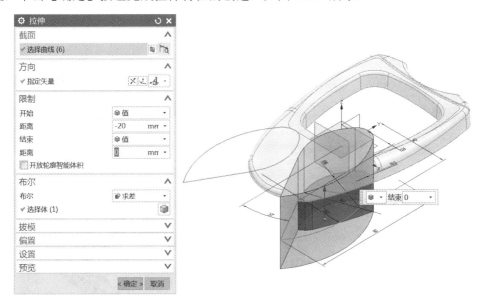

◆ 图 4-197 创建与"爪"部实体毛坯求差特征

(34) 绘制投影草图。按快捷键"Ctrl+L"，在【图层设置】对话框中的工作图层输入 29 后按回车键，再单击鼠标中键退出【图层设置】对话框。选择菜单【插入】→【在任务环境中绘制草图】，选择 YC-ZC 基准面为草图放置面、YC 轴为水平参考，绘制如图 4-198 所示的草图。在草图中应先作出 2 层实体相关部位的投影曲线，并将投影曲线转换为参考线，再捕捉参考线的端点来绘制圆弧。草图曲线中的一条为一段圆弧，另一条为一段圆弧和一段直线。

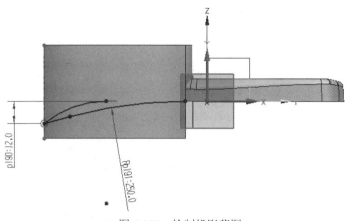

◆ 图 4-198　绘制投影草图

(35) 投影第 (34) 步绘制草图曲线。按快捷键"Ctrl+L"，在【图层设置】对话框中的工作图层输入 45 后按回车键，再单击鼠标中键退出【图层设置】对话框。选择菜单【插入】→【派生曲线】→【投影】，分别将 29 层草图曲线投影至 2 层实体侧面，投影方向均为 +X，如图 4-199(a)、(b) 所示。

(a) 投影圆弧

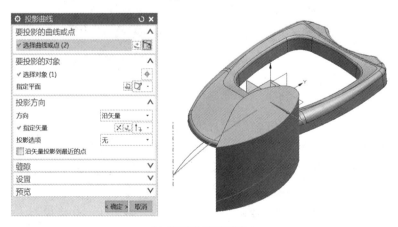

(b) 投影直线及圆弧

◆ 图 4-199　投影曲线

(36) 创建修剪或补片网格面。按快捷键"Ctrl+L"，在【图层设置】对话框中，设置 83 层为工作层，再单击鼠标中键退出【图层设置】对话框。单击曲面工具条上的通过曲线网格图标🀄，选择主曲线和交叉曲线 (主曲线和交叉曲线均有 2 条)，在最后主线串处约束和实体 2 底部相切，如图 4-200 所示。

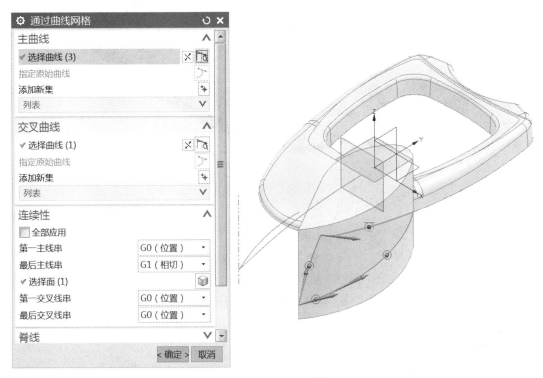

◆　图 4-200　创建网格面

(37) 对 2 层实体进行补片。选择菜单【插入】→【组合】→【补片】，目标选择 2 层实体，工具选择第 (36) 步创建的网格曲面，单击鼠标中键去掉实体下半部分材料，如图 4-201(a)、(b) 所示。

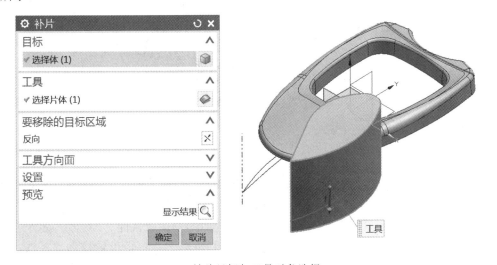

(a) 补片目标与工具对象选择

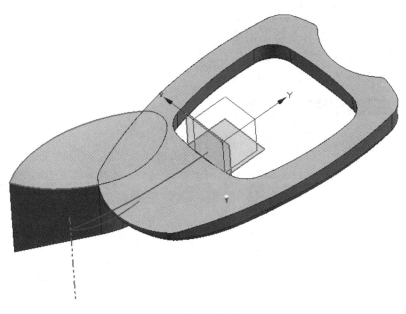

(b) 补片后结果

◆ 图 4-201　补片

(38) 对 2 层实体倒 R10 圆角。单击特征工具条上的边倒圆图标 ⬚，选择如图 4-202 所示的高亮显示边，设置圆角半径为 10，单击鼠标中键完成圆角特征的创建。

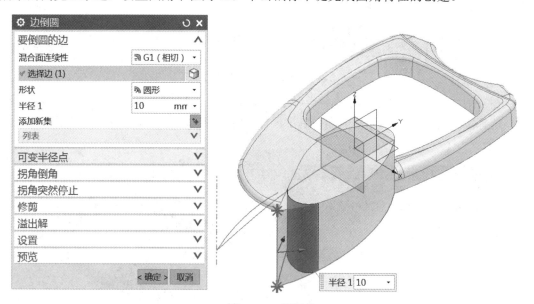

◆ 图 4-202　倒圆角

(39) 创建"爪"位顶部草图。按快捷键"Ctrl+L"，在【图层设置】对话框中的工作图层输入 30 后按回车键，再单击鼠标中键退出【图层设置】对话框。选择菜单【插入】→【在任务环境中绘制草图】，选择 XC-YC 基准面为草图放置面、XC 轴为水平参考，绘制如图 4-203 所示的草图。注意：绘制时先绘制矩形，并将矩形转换为参考线，再绘制各段圆弧。

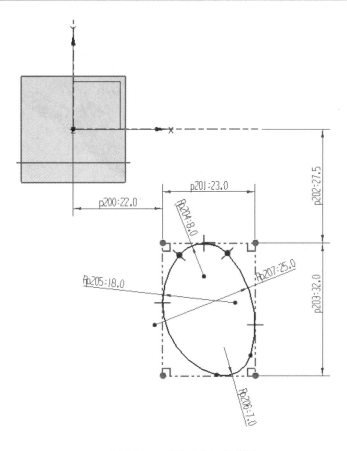

◆ 图 4-203　"爪"位顶部草图

(40) 创建偏移基准面 3。按快捷键"Ctrl+L"，在【图层设置】对话框中的工作图层输入 64 后按回车键，再单击鼠标中键退出【图层设置】对话框。单击特征工具条上的基准平面图标，类型设置为自动判断，选择 XC-YC 基准面和 XC 轴，输入角度为 –10，单击应用创建与 XC-YC 面成 10°夹角的基准面，再选择该平面，输入偏置距离为 20，单击【确定】按钮完成偏置基准面 3 的创建，如图 4-204(a)、(b) 所示。

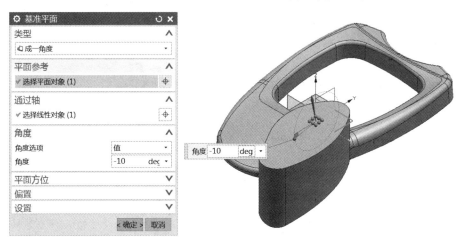

(a) 倾斜基准面

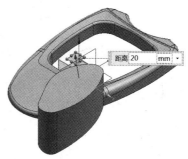

(b) 偏置基准面

◆ 图 4-204　偏移基准面 3

(41) 投影"爪"位顶部草图曲线。按快捷键"Ctrl+L"，在【图层设置】对话框中的工作图层输入 46 后按回车键，再单击鼠标中键退出【图层设置】对话框。选择菜单【插入】→【派生曲线】→【投影】，将 30 层草图曲线投影至第 (40) 步创建的偏置基准面上，投影方向为 +ZC 轴，如图 4-205 所示。

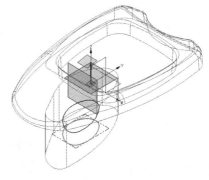

◆ 图 4-205　投影"爪"位顶部草图曲线

(42) 创建"爪"位顶部有界平面 1。按快捷键"Ctrl+L"，在【图层设置】对话框中的工作图层输入 84 后按回车键，再单击鼠标中键退出【图层设置】对话框，选择菜单【插入】→【曲面】→【有界平面】，选择第 (41) 步创建的投影曲线，单击鼠标中键完成有界平面的创建，如图 4-206 所示。

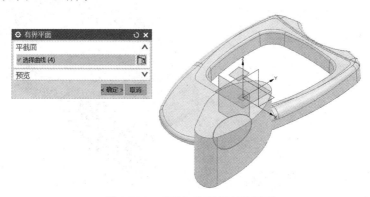

◆ 图 4-206　"爪"位顶部有界平面 1

(43) 创建"爪"位侧面通过曲线组曲面。单击曲面工具条上的通过曲线组图标 ，截面分别选择第 (41) 步创建的投影曲线和 2 层实体边，如图 4-207 所示。注意：两截面起点要对应一致，对齐方式设为弧长，和第 (42) 步创建的有界平面 1 相切约束，设置体类型为片体。

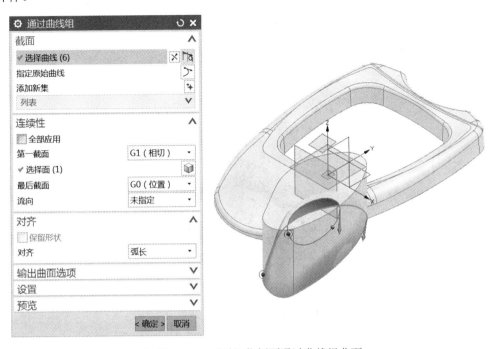

◆ 图 4-207 "爪"位侧面通过曲线组曲面

(44) 缝合前两步创建的有界平面、通过曲线组曲面。选择菜单【插入】→【组合】→【缝合】，目标选择第 (43) 步创建的通过曲线组曲面，工具选择有界平面，单击鼠标中键完成曲面的缝合，如图 4-208 所示。

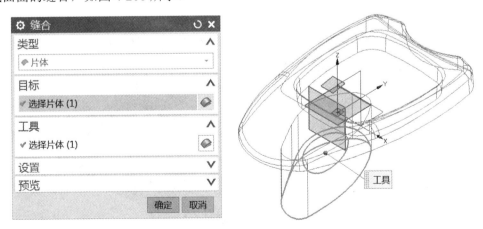

◆ 图 4-208 缝合片体

(45) 对 2 层实体进行补片。选择菜单【插入】→【组合】→【补片】，目标选择 2 层实体，工具选择第 (44) 步缝合的曲面，单击鼠标中键替换掉 2 层实体上半部分，如图 4-209(a)、(b) 所示。

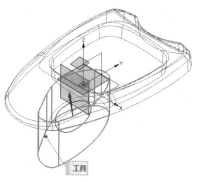

(a) 补片目标与工具

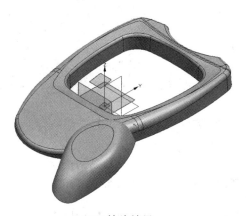

(b) 补片结果

◆ 图 4-209 "爪"部实体补片

(46) 创建"爪"位顶部偏置曲线。按快捷键"Ctrl+L",在【图层设置】对话框中的工作图层输入 47 后按回车键,再单击鼠标中键退出【图层设置】对话框。选择菜单【插入】→【派生曲线】→【偏置】,偏置类型设置为拔模,曲线规则选择相连曲线,选择 46 层投影曲线,设置高度为 2、角度为 60,单击【确定】按钮完成曲线的偏置,如图 4-210 所示。

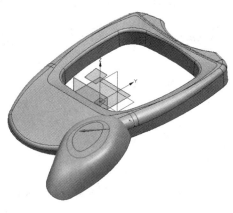

◆ 图 4-210 "爪"位顶部偏置曲线

(47) 创建"爪"位顶部有界平面 2。按快捷键"Ctrl+L"，在【图层设置】对话框中的工作图层输入 84 后按回车键，再单击鼠标中键退出【图层设置】对话框。选择菜单【插入】→【曲面】→【有界平面】，选择第 (46) 步创建的偏置曲线，单击鼠标中键完成有界平面的创建，如图 4-211 所示。

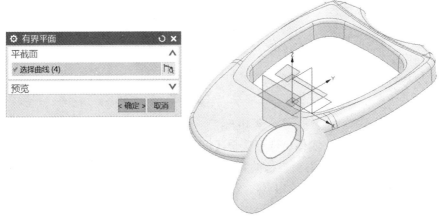

◆ 图 4-211 "爪"位顶部有界平面 2

(48) 创建"爪"位顶部通过曲线组实体。单击曲面工具条上的通过曲线组图标，截面分别选择第 (41) 步创建的投影曲线和第 (46) 步创建的偏置曲线，如图 4-212 所示。注意：两截面起点要对应一致，对齐方式设为弧长，和第 (47) 步创建的有界平面 2 相切约束，设置体类型为实体。

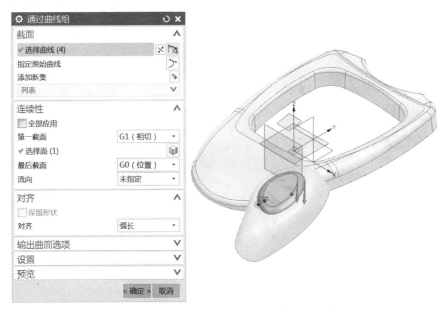

◆ 图 4-212 "爪"位顶部通过曲线组实体

(49) 将 2 层实体和第 (48) 步创建的通过曲线组实体求和。单击特征工具条上的求和图标，目标选择 2 层实体，工具选择第 (48) 步创建的通过曲线组实体，单击鼠标中键完成实体的求和，如图 4-213 所示。

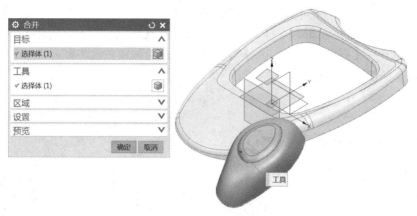

◆ 图 4-213　求和

(50) 镜像求和后的 2 层实体。选择菜单【插入】→【关联复制】→【镜像几何体】，选择第 (49) 步求和后的实体为要镜像的几何体，选择 YC-ZC 基准面为镜像平面，单击鼠标中键完成实体的镜像，如图 4-214 所示。

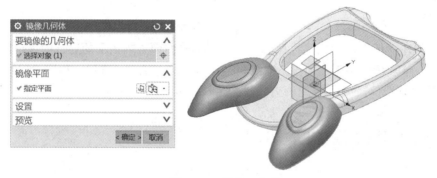

◆ 图 4-214　镜像几何体

(51) 求和 1 层实体和 2 层两实体。单击特征工具条上的求和图标 ，目标选择 1 层实体，工具选择 2 层的两实体，单击鼠标中键完成实体的求和，如图 4-215 所示。

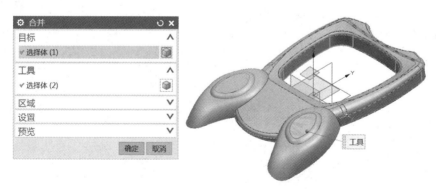

◆ 图 4-215　求和

(52) 挖空实体底面。单击特征工具条上的抽壳图标 ，选择如图 4-216 所示的实体底面，输入厚度为 1.5，单击鼠标中键完成抽壳特征的创建。注意：如挖空不了，可适当增加公差值。

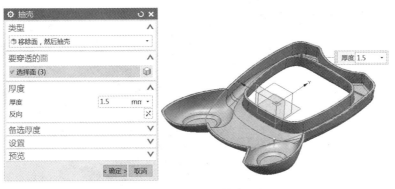

◆ 图 4-216　抽壳

(52) 偏置实体中间屏幕面。选择菜单【插入】→【偏置 / 缩放】→【偏置面】，选择实体中间屏幕面，输入偏置值 5，单击鼠标中键将该面沿 +ZC 轴方向偏置，如图 4-217 所示。

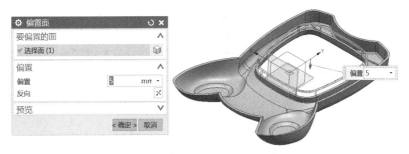

◆ 图 4-217　偏置面

(53) 拉伸"爪"部上表面边线并做镜像操作。单击特征工具条中的拉伸图标 或按快捷键"X"，选择"爪"部上表面边线，拉伸方向为 +ZC 方向，拉伸开始距离为 –82，结束距离为 59，与产品实体求差，单击【确定】按钮完成拉伸特征的创建，如图 4-218(a) 所示。选择菜单【插入】→【关联复制】→【镜像特征】，要镜像的特征选择刚创建的拉伸求差特征，选择 YC-ZC 面为镜像平面，单击鼠标中键完成镜像特征的操作，如图 4-218(b) 所示。

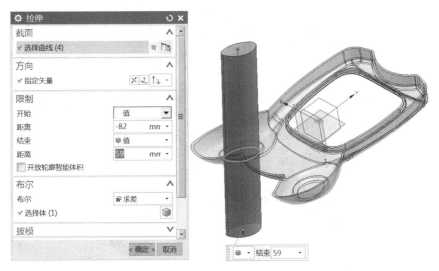

(a) 拉伸"爪"部上表面边线

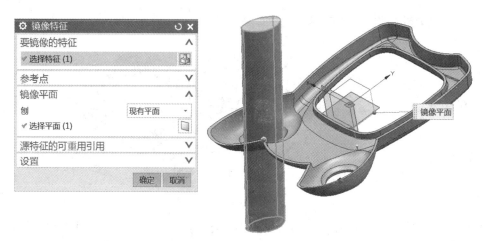

(b) 镜像特征

◆ 图 4-218　拉伸去除"爪"顶部实体材料

(54) 创建中间细节特征草图 1。按快捷键"Ctrl+L"，在【图层设置】对话框中的工作图层输入 31 后按回车键，再单击鼠标中键退出【图层设置】对话框。选择菜单【插入】→【在任务环境中绘制草图】，选择 XC-YC 基准面为草图放置面、XC 轴为水平参考，绘制如图 4-219 所示的草图。该草图中椭圆长半轴 3，短半轴 1，旋转角度为 60°，椭圆可以不完全约束。

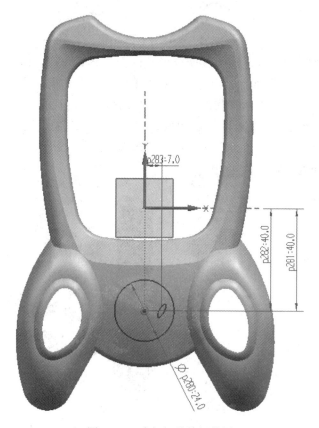

◆ 图 4-219　中间细节特征草图 1

(55) 投影第 (54) 步绘制的圆。按快捷键"Ctrl+L"，在【图层设置】对话框中的工作图层输入 48 后按回车键，再单击鼠标中键退出【图层设置】对话框。选择菜单【插入】→【派生曲线】→【投影】，选择第 (54) 步绘制草图中的椭圆，使之沿 +ZC 轴投影至实体内表面，如图 4-220 所示。

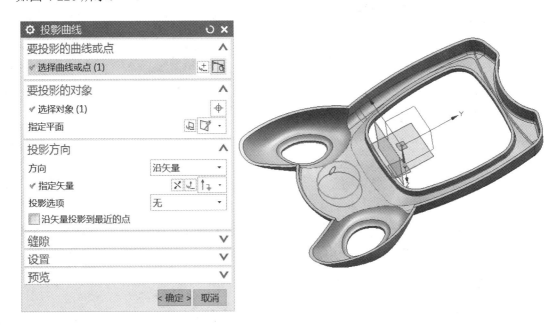

◆ 图 4-220　投影曲线

(56) 创建中间细节特征草图 2。按快捷键"Ctrl+L"，在【图层设置】对话框中的工作图层输入 32 后按回车键，再单击鼠标中键退出【图层设置】对话框。选择菜单【插入】→【在任务环境中绘制草图】，选择 YC-ZC 基准面为草图放置面、YC 轴为水平参考，绘制如图 4-221 所示的草图。注意：绘制过程中先利用交点图标🔗求出草图放置面与第 (55) 步投影曲线的交点，再捕捉交点画圆弧。

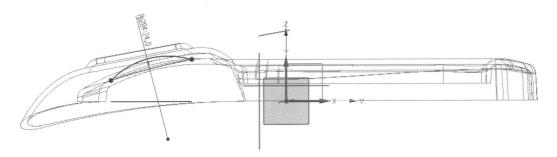

◆ 图 4-221　中间细节特征草图 2

(57) 创建实体中部网格面。按快捷键"Ctrl+L"，在【图层设置】对话框中，设置 85 层为工作层，再单击鼠标中键退出【图层设置】对话框。单击曲面工具条上的通过曲线网格图标，选择主曲线和交叉曲线 (主曲线分别为两个端点，交叉曲线为 3 段圆弧)，单击鼠标中键完成建立网格面的创建，如图 4-222 所示。

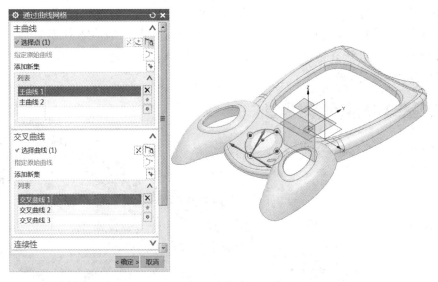

◆ 图 4-222　实体中部网格面

(58) 偏置曲面。选择菜单【插入】→【偏置/缩放】→【偏置曲面】，选择第 (57) 步创建的网格，输入偏置值为 1.5，单击鼠标中键将网格面向上偏置，如图 4-223 所示。

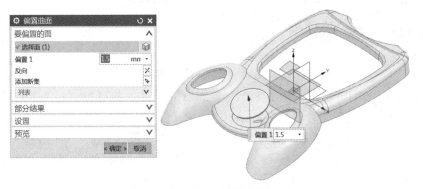

◆ 图 4-223　偏置曲面

(59) 利用实体上表面对偏移面进行修剪。单击特征工具条上的修剪体图标 ，目标选择第 (58) 步创建的偏置曲面，工具选项选择实体上表面，保留实体上表面以上的曲面，单击鼠标中键完成修剪体的操作，如图 4-224 所示。

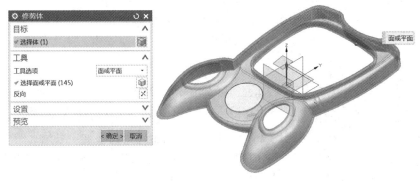

◆ 图 4-224　修剪体

(60) 对实体进行补片。选择菜单【插入】→【组合】→【补片】，目标选择 1 层实体，工具选择第 (59) 步修剪后的网格曲面，单击鼠标中键生成中部实体，如图 4-225 所示。

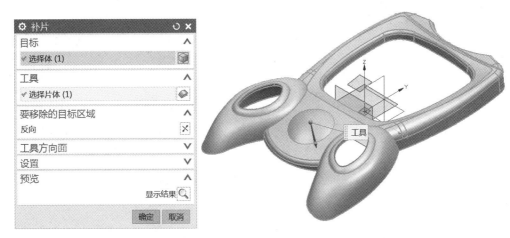

◆ 图 4-225　补片

(61) 拉伸大圆至实体内表面。单击特征工具条中的拉伸图标 或按快捷键 "X"，选择 31 层草图曲线中的大圆，拉伸方向为 +ZC 方向，拉伸开始距离为 4，结束设置为 "直至下一个"，与产品实体求和，偏置设置为两侧，开始为 0、结束为 1.5，单击【确定】按钮完成拉伸特征的创建，如图 4-226 所示。

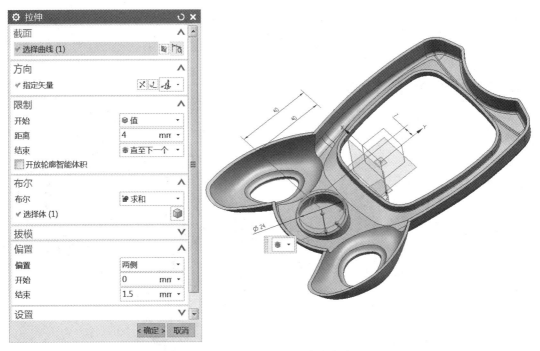

◆ 图 4-226　拉伸大圆至实体内表面

(62) 拉伸椭圆并求差。单击特征工具条中的拉伸图标 或按快捷键 "X"，选择 31 层草图曲线中的椭圆，拉伸方向为 +ZC 方向，拉伸开始距离为 4、结束距离为 59，与产品实体求差，单击【确定】按钮完成拉伸特征的创建，如图 4-227 所示。

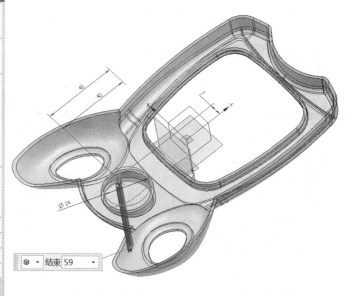

◆ 图 4-227　拉伸椭圆求差

(63) 阵列椭圆孔并对椭圆孔上边缘倒圆角。单击特征工具条上的阵列特征图标 ，如图 4-228(a) 所示，选择第 (62) 步创建的椭圆孔为要形成阵列的特征，方向一设定为 −X 方向，数量为 3，节距为 7，单击鼠标中键完成阵列特征的创建。单击特征工具条上的边倒圆图标 ，选择如图 4-228(b) 所示的高亮显示边，设置圆角半径为 0.5，单击鼠标中键完成圆角特征的创建。

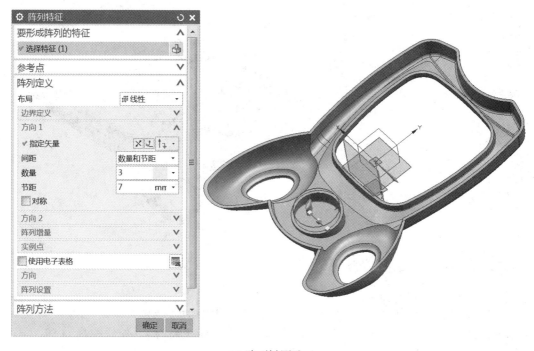

(a) 阵列椭圆孔

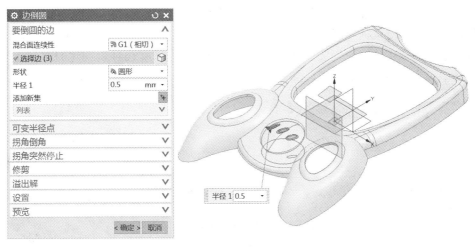

(b) 倒圆角

◆ 图 4-228 阵列椭圆孔及倒圆角

(64) 创建偏移基准面 4。按快捷键 "Ctrl+L"，在【图层设置】对话框中的工作图层输入 65 后按回车键，再单击鼠标中键退出【图层设置】对话框。单击特征工具条上的基准平面图标▢，类型设置为自动判断，选择 YC-ZC 基准面，输入偏置距离为 30，如图 4-229(a)、(b) 所示。

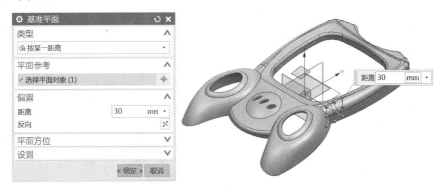

(a) 建立右侧偏置基准面

(b) 建立左侧偏置基准面

◆ 图 4-229 偏移基准面 4

(65) 求截面线。按快捷键"Ctrl+L"，在【图层设置】对话框中的工作图层输入 49 后按回车键，再单击鼠标中键退出【图层设置】对话框。选择菜单【插入】→【派生曲线】→【截面】，选择实体底面为要剖切的对象，剖切平面选择第 (64) 步创建的两个基准面，单击鼠标中键完成截面线的创建，如图 4-230 所示。

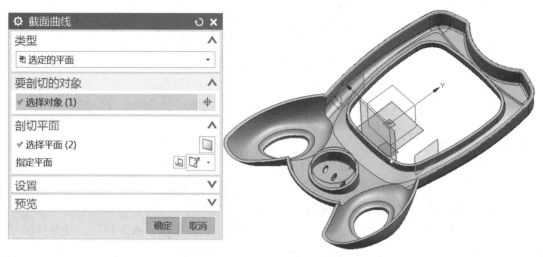

◆ 图 4-230 截面线

(66) 分割面。单击特征工具条上的分割面图标 🍞，选择实体头部底面为要分割的面，选择第 (65) 步创建的两截面线为工具，单击鼠标中键完成分割面的操作如图 4-231 所示。

◆ 图 4-231 分割面

(67) 创建产品内侧拉伸切除特征。单击特征工具条中的拉伸图标 📦 或按快捷键"X"，曲线规则选择面的边，选择如图 4-210 所示分割后的面，拉伸方向为 +ZC 方向，拉伸开始距离为 0、结束距离为 4，偏置类型设置为单侧，结束设为 1，与产品实体求差，单击【确定】按钮完成拉伸切除特征的创建，如图 4-232 所示。

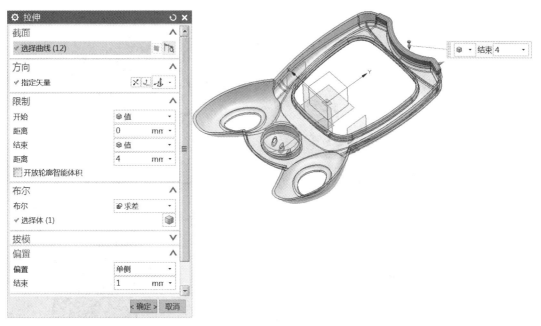

◆ 图 4-232 创建产品内侧拉伸切除特征

(68) 保存文件。按快捷键"Ctrl+L"，在【图层设置】对话框中，设置第 1 层为工作层，关闭其他图层，单击鼠标中键退出【图层设置】对话框。按快捷键"Ctrl+S"保存文件，如图 4-233 所示。

◆ 图 4-233 保存文件

4.9 曲面设计综合练习

1. 运用 UG NX12.0 软件，创建如图 4-234 所示的曲面实体。

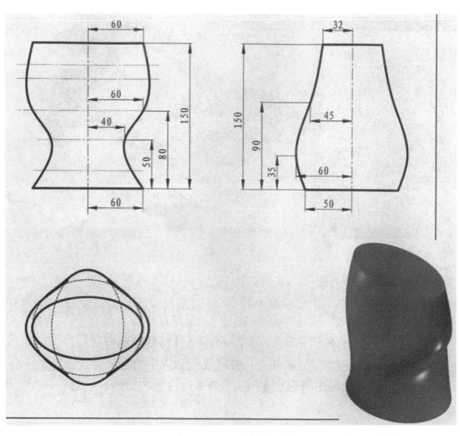

◆ 图 4-234　填料压盖

2. 运用 UG NX12.0 软件，创建如图 4-235 所示的五角星实体。要求：5 个顶点到底面中心的距离均为 100 mm，最高点到底面的距离为 20 mm。

◆ 图 4-235　五角星

3. 运用 UG NX12.0 软件，创建如图 4-236 所示的曲面练习 3 片体模型。

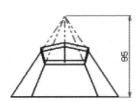
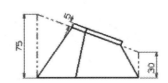

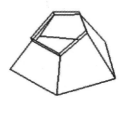

◆ 图 4-236 曲面练习 3 片体模型

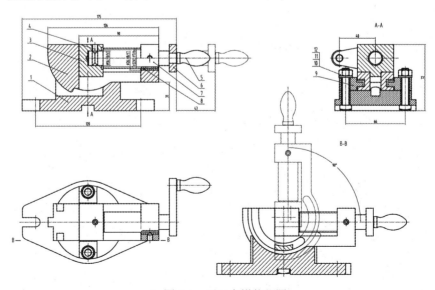

模块五 装配设计

产品通常由多个零部件构成，产品设计及建模方法主要有三种，分别是自底向上、自顶向下和混合型 (混合使用自底向上和自顶向下)，UG NX12.0 完全支持以上三种产品设计及建模方法。自底向上是指先为每个零件设计及建模，再通过给定相配零件的配对约束关系，得到装配体的设计及建模过程。该方法的零部件间不具有相关性。自顶向下是指在装配环境中创建相关零部件，从装配顶级向下产生子装配和零件的设计及建模过程。该方法使用的一个重要工具是 WAVE 几何连接器，以实现部件与部件之间的几何链接。因零部件间具有相关性，在产品变更时可一次性更新，从而提高设计的效率。

【学习目标】

(1) 掌握装配部件定位及约束工具的使用。
(2) 掌握爆炸图的生成技巧。
(3) 掌握装配建模工具 WAVE 几何连接器的使用。

5.1 平口虎钳自底向上装配设计

平口虎钳装配图如图 5-1 所示。

◆ 图 5-1 平口虎钳装配图

平口虎钳装配步骤如下：

(1) 新建文件。选择工具栏中的 🗋 或按组合键"Ctrl+N"，在【新建】对话框中，模板选择【装配】，默认单位为 mm，在名称栏输入"pingkouhuqian_asm1"，文件夹设置为 E:\pingkouhuqian，单击【确定】按钮或单击鼠标中键，退出【新建】对话框。

(2) 添加组件。单击装配工具条上的添加组件工具 ➕，加入第一个零件底座，定位选择"绝对原点"，单击鼠标中键，将它定位到绝对坐标原点，如图 5-2 所示。

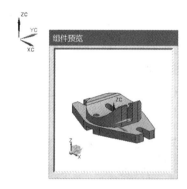

◆ 图 5-2　添加组件

(3) 添加动座。利用添加组件工具加载动座 ➕，定位选择"选择原点"，单击鼠标中键，然后在工作界面再单击一下，将动座加载进来，如图 5-3(a)、(b) 所示。

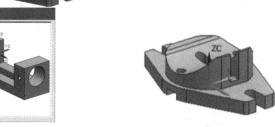

(a) 对话框设置　　　　　　　　　　　　　(b) 放置位置

◆ 图 5-3　添加动座

(4) 添加其他组件。重复第 (3) 步，使用相同的方法载入其他部件，使其他零件分布在底座四周，如图 5-4 所示。

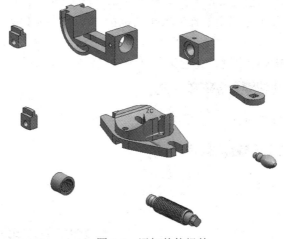

◆ 图 5-4　添加其他组件

(5) 底座添加固定约束。单击装配工具条上的装配约束图标，约束类型选择固定，选择底座后单击【应用】按钮，将底座固定在坐标原点，如图 5-5 所示。

◆ 图 5-5　添加固定约束

(6) 装配动座。单击装配工具条上的装配约束图标，约束类型选择中心，子类型选择"2 对 2"，分别选择动座底部凸起两侧面与底座凹槽两侧面，单击【应用】按钮或单击鼠标中键，如图 5-6 所示。注意：如果方向反了，可选择反向更改。

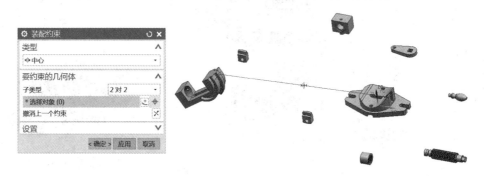

◆ 图 5-6　中心约束

(7) 装配动座。单击装配工具条上的装配约束图标，约束类型选择接触对齐，方位选择接触，分别选择动座圆弧面和底座圆弧面，使两圆弧面接触，单击【应用】按钮或单击鼠标中键，如图5-7所示。

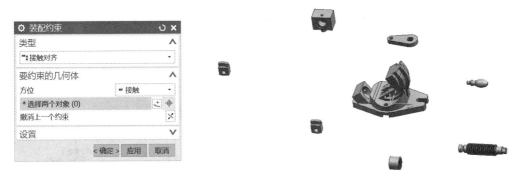

◆ 图5-7 接触对齐约束

(8) 装配动座。单击装配工具条上的装配约束图标，约束类型选择角度，选择底座上平面与动座水平面，设置初始角度为180°，单击【应用】按钮或单击鼠标中键，如图5-8所示。

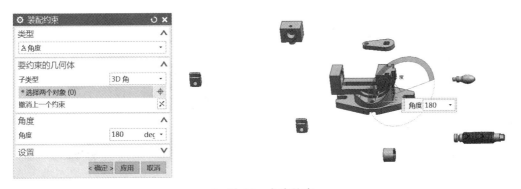

◆ 图5-8 角度约束

(9) 装配压块。单击装配工具条上的装配约束图标，约束类型选择接触对齐，方位选择自动判断中心/轴，选择压块孔的轴线与底座孔的轴线，单击【应用】按钮或单击鼠标中键，如图5-9所示。

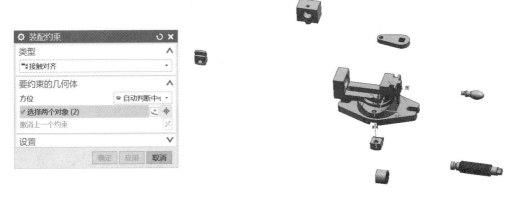

◆ 图5-9 接触对齐

(10) 装配压块。单击装配工具条上的装配约束图标 🔧，约束类型选择 🔧 **接触对齐**，方位选择 🔧 **接触**，分别选择压块底部圆弧面和底座圆弧面，使两圆弧面接触，单击【应用】按钮或单击鼠标中键，如图 5-10 所示。

◆ 图 5-10　接触对齐

(11) 装配压块。单击装配工具条上的装配约束图标 🔧，约束类型选择 🔧 **平行**，分别选择压块头部平面与动座圆弧凹槽底面，单击【应用】按钮或单击鼠标中键，如图 5-11 所示。

◆ 图 5-11　平行约束

(12) 装配另一侧压块。重复第 (9)、(10)、(11) 步骤装配另一侧压块，如图 5-12 所示。

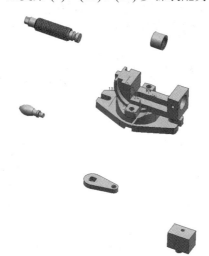

◆ 图 5-12　装配另一侧压块

(13) 装配丝杠螺母固定套。单击装配工具条上的装配约束图标🔩，约束类型选择™接触对齐，方位选择 自动判断中心/轴，选择螺纹固定套的轴线与动座安装孔的轴线，单击【应用】按钮或单击鼠标中键，如图 5-13 所示。

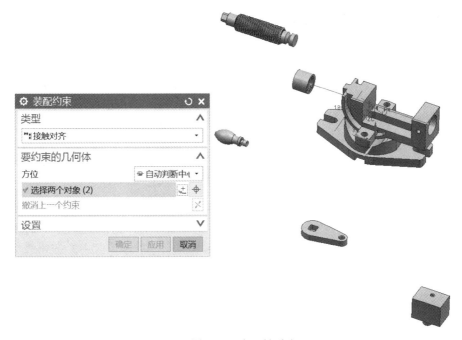

◆ 图 5-13 中心轴重合

(14) 装配丝杠螺母固定套。单击装配工具条上的装配约束图标🔩，约束类型选择™接触对齐，方位选择 对齐，分别选择螺纹固定套端面和动座安装孔端面，单击【应用】按钮或单击鼠标中键，如图 5-14 所示。

◆ 图 5-14 接触对齐约束

(15) 装配丝杠螺母固定套。单击装配工具条上的装配约束图标 🔧，约束类型选择 ᵐ 接触对齐，方位选择 🔄 自动判断中心/轴，选择螺纹固定套的锥孔轴线与动座螺纹孔的轴线，单击【应用】按钮或单击鼠标中键，如图 5-15 所示。

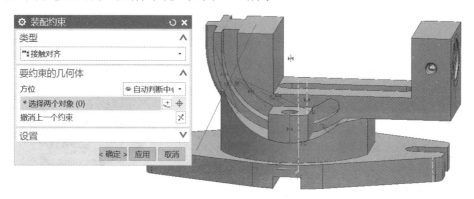

◆ 图 5-15 中心轴重合

(16) 装配活动钳口。单击装配工具条上的装配约束图标 🔧，约束类型选择 ᵐ 接触对齐，方位选择 🔄 接触，分别选择活动钳口底面和动座键槽孔面，单击【应用】按钮或单击鼠标中键，如图 5-16 所示。

◆ 图 5-16 接触对齐约束

(17) 装配活动钳口。单击装配工具条上的装配约束图标 🔧，约束类型选择 ⊪ 中心，子类型选择"2 对 2"，分别选择活动钳口底部两侧面与动座凹槽两侧面，单击【应用】按钮或单击鼠标中键，如图 5-17 所示。

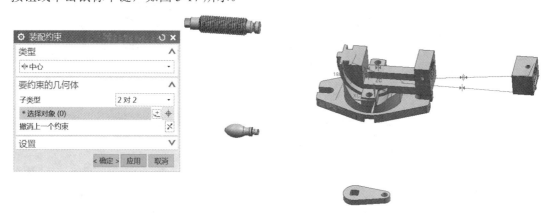

◆ 图 5-17 中心约束

(18) 装配活动钳口。单击装配工具条上的装配约束图标🔧，约束类型选择🔧距离，选择活动钳口端面与动座相应端面，距离初始值设为 0，如图 5-18 所示。

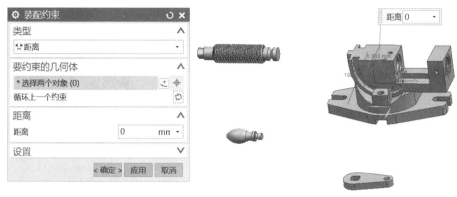

◆ 图 5-18　距离约束

(19) 装配丝杠。单击装配工具条上的装配约束图标🔧，约束类型选择🔧接触对齐，方位选择🔧自动判断中心/轴，选择丝杠的轴线与螺纹固定套的轴线，单击【应用】按钮或单击鼠标中键，如图 5-19 所示。

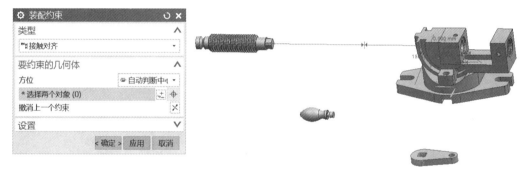

◆ 图 5-19　中心轴重合

(20) 装配丝杠。单击装配工具条上的装配约束图标🔧，约束类型选择🔧接触对齐，方位选择🔧接触，分别选择丝杠和活动钳口上的圆，单击【应用】按钮或单击鼠标中键，如图 5-20 所示。

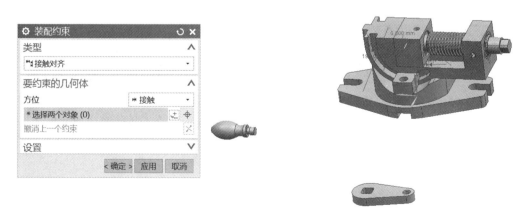

◆ 图 5-20　接触对齐约束

(21) 装配连杆。单击装配工具条上的装配约束图标 ，约束类型选择 接触对齐，方位选择 接触，选择连杆四边形孔的一面与丝杠四边形头部的一面，单击【应用】按钮或单击鼠标中键，如图 5-21 所示。

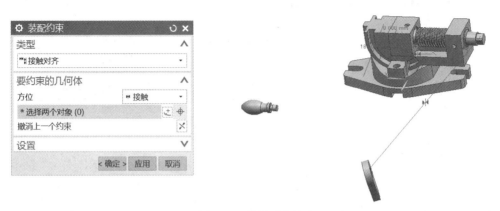

◆ 图 5-21 接触对齐约束

(22) 装配连杆。单击装配工具条上的装配约束图标 ，约束类型选择 接触对齐，方位选择 接触，选择连杆四边形孔与第 (21) 步所选相邻的一面和丝杠四边形头部与第 (21) 步所选相邻的一面，单击【应用】按钮或单击鼠标中键，如图 5-22 所示。

◆ 图 5-22 接触对齐约束

(23) 装配连杆。单击装配工具条上的装配约束图标 ，约束类型选择 接触对齐，方位选择 接触，选择连杆底面与丝杠台阶面，单击【应用】按钮或单击鼠标中键，如图 5-23 所示。

◆ 图 5-23 接触对齐约束

(24) 装配手柄。单击装配工具条上的装配约束图标 ，约束类型选择 接触对齐，方位选择 自动判断中心/轴，选择手柄轴线与连杆孔轴线，单击【应用】按钮或单击鼠标中键，如图 5-24 所示。

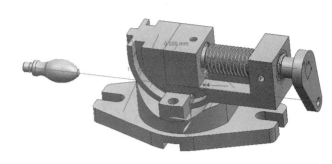

◆ 图 5-24　接触对齐约束

(25) 装配手柄。单击装配工具条上的装配约束图标 🔧，约束类型选择 ⁼ᴵᴵ **接触对齐**，方位选择 ᴹ **接触**，选择手柄头部台阶面与连杆对应的一面，单击【应用】按钮或单击鼠标中键，如图 5-25 所示。

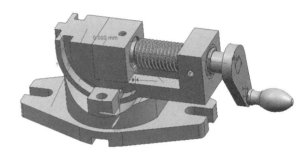

◆ 图 5-25　接触对齐约束

(26) 装配完成。在装配导航器中，右键选择装配约束，去掉在图形窗口中显示约束前面的"√"，模型显示如图 5-26 所示。

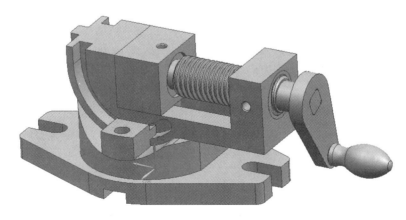

◆ 图 5-26　模型显示

(27) 验证虎钳运动可靠性，保存文件。为了验证平口虎钳运动的可靠性，将距离约束值改为 30，将角度约束值改为 210，如图 5-27(a)、(b) 所示，选择菜单【文件】→【全部保存】，保存文件。

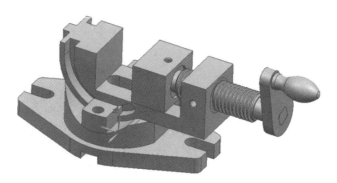

(a) 修改距离

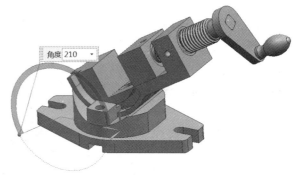

(b) 修改角度

◆ 图 5-27　验证虎钳运动可靠性

5.2　平口虎钳爆炸图设计

平口虎钳爆炸图的设计步骤如下：

(1) 单击爆炸图图标 ，单击新建爆炸图 ，接受默认的爆炸图名称。

(2) 单击编辑爆炸图图标 ，选择活动钳口、丝杠、螺纹固定套、连杆、手柄 5 个零件，切换到"移动对象"，并向 +ZC 方向移动一定距离，如图 5-28 所示。

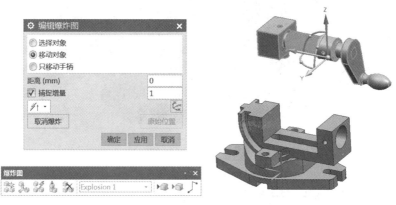

◆ 图 5-28　移动组件

(3) 分别选择活动钳口、丝杠、螺纹固定套、连杆、手柄 5 个零件，并移动到如图 5-29 所示的位置。用相同的方法移动动座、两压板。

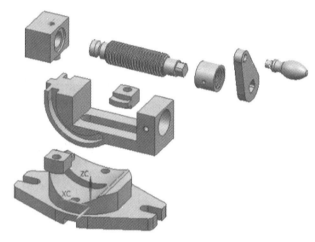

◆ 图 5-29　移动零件

(4) 单击追踪线图标♪，分别选择活动钳口、丝杠、螺纹固定套，以及手柄与连杆相应圆心。在活动钳口、丝杠、螺纹固定套，以及手柄与连杆制件上创建追踪线，如图 5-30 所示。

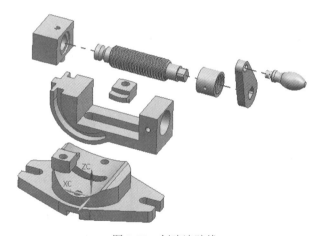

◆ 图 5-30　创建追踪线

5.3　汽缸模型自底向上装配设计

汽缸模型自底向上装配设计的步骤如下：

(1) 新建文件。选择工具栏中的 📄 或按下键盘组合键 "Ctrl+N"，在【新建】对话框中，模板选择【装配】，默认单位为 mm，在名称栏输入 "qigang_asm1"，文件夹设置为 E:\qigang，单击【确定】按钮或鼠标中键退出【新建】对话框。

(2) 添加支架。单击装配工具条上的添加组件工具 🔧，加入第一个零件支架，定位选择 "绝对原点"，单击鼠标中键将它定位到绝对坐标原点，如图 5-31 所示。

◆ 图 5-31 添加支架

(3) 添加带轮。利用添加组件工具加载带轮 ![icon], 定位选择"选择原点", 单击鼠标中键, 然后在工作界面再单击一下, 将带轮加载进来, 如图 5-32 所示。

◆ 图 5-32 添加带轮

(4) 添加其他零件。重复第 (3) 步，使用相同的方法载入其他零件，使其他零件分布在支架四周，如图 5-33 所示。

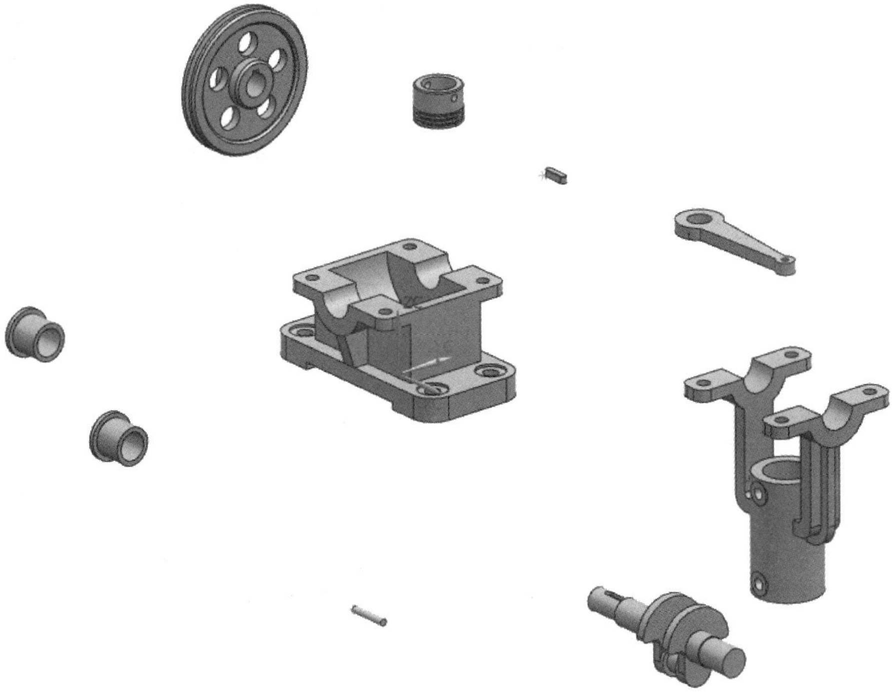

◆ 图 5-33 添加其他零件

(5) 支架添加固定约束。单击装配工具条上的装配约束图标，约束类型选择固定，选择支架后单击【应用】按钮，并将支架固定在坐标原点，如图 5-34 所示。

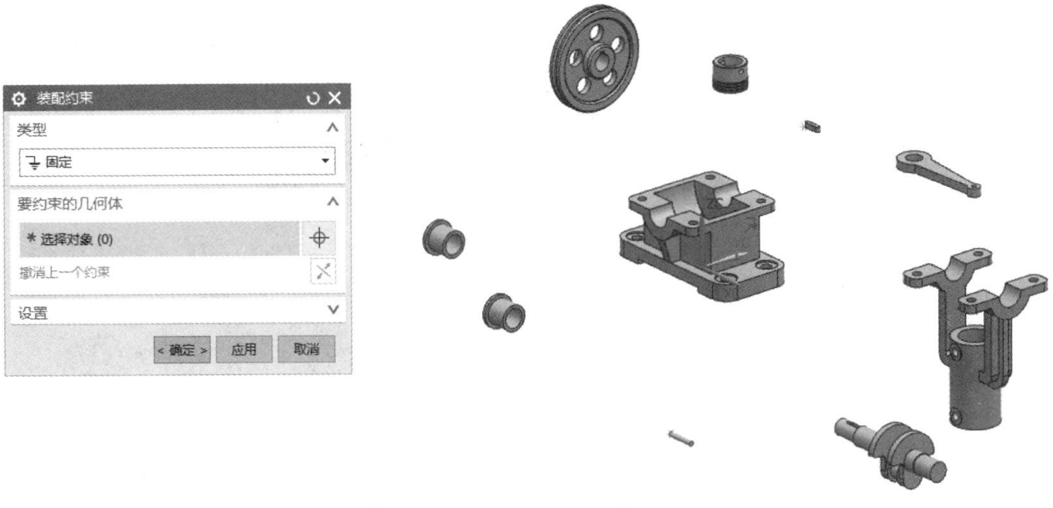

◆ 图 5-34 固定约束

(6) 单击装配工具条上的装配约束图标，约束类型选择接触对齐，方位选择接触，分别选择汽缸底面和支架顶面，单击【应用】按钮或单击鼠标中键使两面接触，如图 5-35 所示。

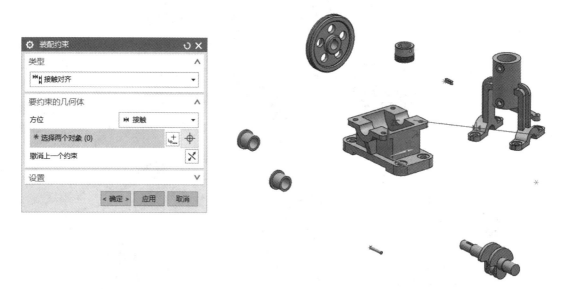

◆ 图 5-35　接触对齐约束

（7）单击装配工具条上的装配约束图标 🔳，约束类型选择 ⚬ᵔᵔ 接触对齐，方位选择 📤 自动判断中心/轴，选择汽缸上一条沉头孔轴线与支架相应位置一孔的轴线，单击【应用】按钮或单击鼠标中键，如图 5-36 所示。

◆ 图 5-36　中心轴重合

（8）单击装配工具条上的装配约束图标 🔳，约束类型选择 ⚬ᵔᵔ 接触对齐，方位选择 📤 自动判断中心/轴，选择汽缸上另一条沉头孔轴线与支架相应位置孔的轴线，单击【应用】按钮或单击鼠标中键，如图 5-37 所示。

◆ 图 5-37 中心轴重合

(9) 单击装配工具条上的装配约束图标🔨，约束类型选择 ⁍⁍接触对齐，方位选择 ⬝自动判断中心/轴，选择汽缸上第三条沉头孔轴线与支架相应位置孔的轴线，单击【应用】按钮或单击鼠标中键，如图 5-38 所示。

◆ 图 5-38 中心轴重合

(10) 单击装配工具条上的装配约束图标🔨，约束类型选择 ⁍⁍接触对齐，方位选择 ⬝自动判断中心/轴，选择轴套孔轴线与支架相应位置孔的轴线，单击【应用】按钮或单击鼠标中键，如图 5-39 所示。

◆ 图 5-39　中心轴重合

(11) 单击装配工具条上的装配约束图标 🔧，约束类型选择 ᵸᵸᴵ接触对齐，方位选择 ᴹ 接触，分别选择轴套端面和支架侧面，单击【应用】按钮或单击鼠标中键使两面接触，如图 5-40 所示。

◆ 图 5-40　接触对齐约束

(12) 重复第 (10)、(11) 步骤装配另一侧轴套。

(13) 单击装配工具条上的装配约束图标 🔧，约束类型选择 ᵸᵸᴵ接触对齐，方位选择 ⬛自动判断中心/轴，选择曲轴轴线与轴套孔的轴线，单击【应用】按钮或单击鼠标中键，如图 5-41 所示。

 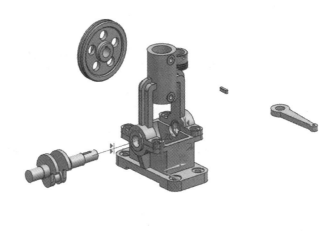

◆ 图 5-41 中心轴重合

(14) 单击装配工具条上的装配约束图标🔧，约束类型选择 ⊪ 中心，子类型选择"2 对 2"，分别选择曲轴两侧面与支架两侧面，单击【应用】按钮或单击鼠标中键，如图 5-42 所示。

 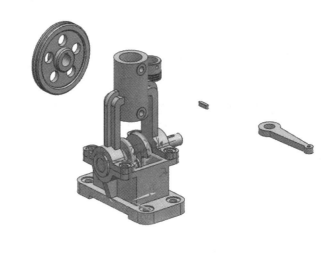

◆ 图 5-42 中心约束

(15) 单击装配工具条上的装配约束图标🔧，约束类型选择 ⊪ 接触对齐，方位选择 ⊪ 接触，分别选择键底面和曲轴键槽底面，单击【应用】按钮或单击鼠标中键使两面接触，如图 5-43 所示。

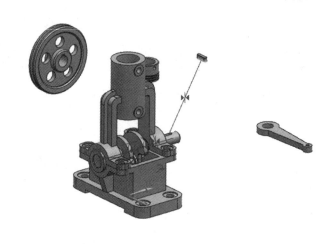

◆ 图 5-43　接触对齐约束

(16) 单击装配工具条上的装配约束图标，约束类型选择接触对齐，方位选择接触，分别选择键侧面和曲轴键槽侧面，单击【应用】按钮或单击鼠标中键使两面接触，如图 5-44 所示。

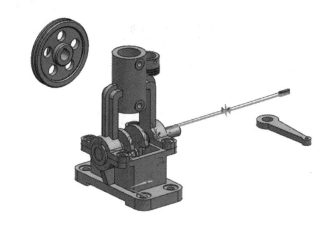

◆ 图 5-44　接触对齐约束

(17) 单击装配工具条上的装配约束图标，约束类型选择接触对齐，方位选择接触，分别选择键一圆弧面和曲轴键槽一圆弧面，单击【应用】按钮或单击鼠标中键使两面接触，如图 5-45 所示。

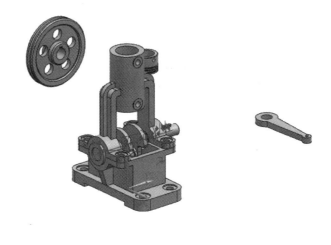

◆ 图 5-45　接触对齐约束

(18) 单击装配工具条上的装配约束图标，约束类型选择 接触对齐，方位选择 自动判断中心/轴，选择带轮轴线与曲轴轴线，单击【应用】按钮或单击鼠标中键，如图 5-46 所示。

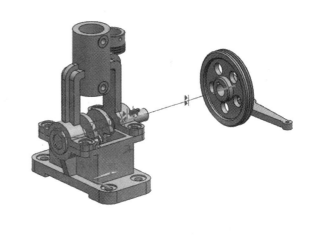

◆ 图 5-46　中心轴重合

(19) 单击装配工具条上的装配约束图标，约束类型选择 接触对齐，方位选择 接触，分别选择带轮键槽一侧面和键一侧面，单击【应用】按钮或单击鼠标中键使两面接触，如图 5-47 所示。

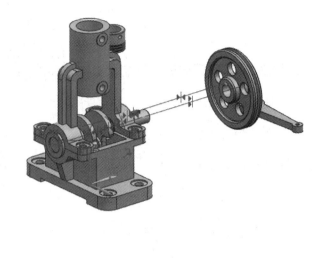

◆ 图 5-47　接触对齐约束

　　(20) 单击装配工具条上的装配约束图标 ，约束类型选择 接触对齐，方位选择 接触，分别选择带轮键槽另一侧面和键另一侧面，单击【应用】按钮或单击鼠标中键使两面接触，如图 5-48 所示。

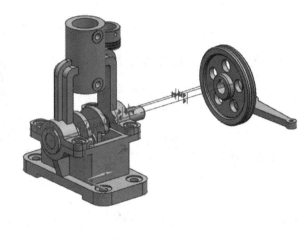

◆ 图 5-48　接触对齐约束

　　(21) 单击装配工具条上的装配约束图标 ，约束类型选择 接触对齐，方位选择 接触，分别选择带轮一端面和曲轴相应台阶面，单击【应用】按钮或单击鼠标中键使两面接触，如图 5-49 所示。

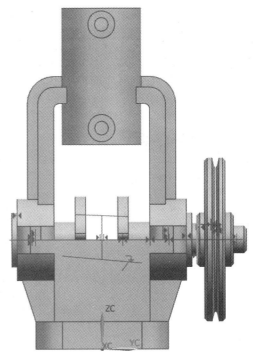

◆ 图 5-49 接触对齐约束

(22) 单击装配工具条上的装配约束图标 🗽，约束类型选择 🕪 接触对齐，方位选择 🖘 自动判断中心/轴，选择活塞轴线与汽缸孔轴线，单击【应用】按钮或单击鼠标中键，如图5-50 所示。注意：若方向反了，可单击反向进行调整。

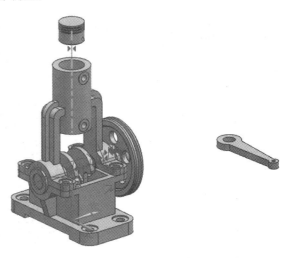

◆ 图 5-50 中心轴重合

(23) 单击装配工具条上的装配约束图标 ![icon]，约束类型选择 ![icon]接触对齐，方位选择 ![icon]自动判断中心/轴，选择销子轴线与活塞上孔轴线，单击【应用】按钮或单击鼠标中键，如图 5-51 所示。

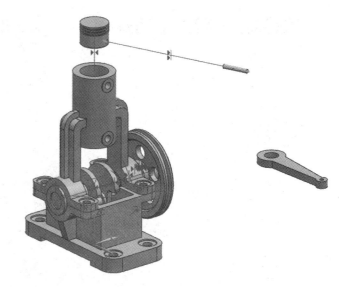

◆ 图 5-51　中心轴重合

(24) 单击装配工具条上的装配约束图标 ![icon]，约束类型选择 ![icon]中心，子类型选择"2 对 2"，分别选择销子两侧面与曲轴两侧面，单击【应用】按钮或单击鼠标中键，如图 5-52 所示。

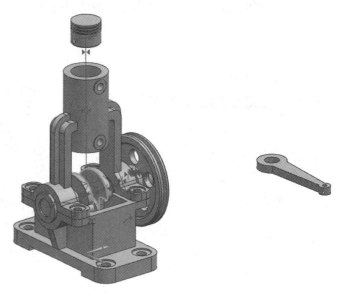

◆ 图 5-52　中心约束

(25) 单击装配工具条上的装配约束图标 ![icon]，约束类型选择 ![icon]接触对齐，方位选择 ![icon]自动判断中心/轴，选择连杆大孔轴线与曲轴相应位置轴线，单击【应用】按钮或单击鼠标中键，如图 5-53 所示。

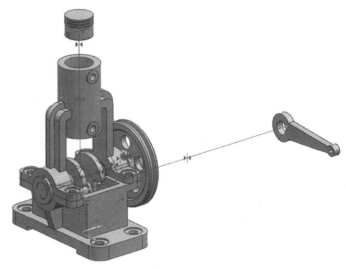

◆ 图 5-53　中心轴重合

(26) 单击装配工具条上的装配约束图标 🔧 ，约束类型选择 ╫ 中心 ，子类型选择"2 对 2"，分别选择连杆两侧面与曲轴两侧面，单击【应用】按钮或单击鼠标中键，如图 5-54 所示。

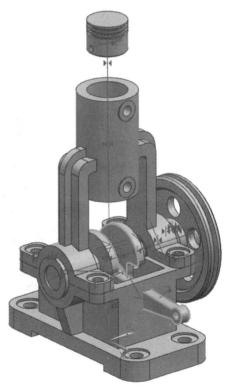

◆ 图 5-54　中心约束

(27) 单击装配工具条上的装配约束图标 🔧 ，约束类型选择 ╫ 接触对齐 ，方位选择 ⇔ 自动判断中心/轴 ，选择连杆小孔轴线与销子轴线，单击【应用】按钮或单击鼠标中键，如图 5-55 所示。

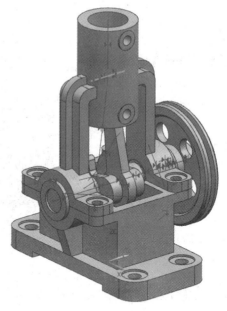

◆ 图 5-55　中心轴重合

(28) 装配完成，保存文件。在装配导航器中，右键选择装配约束，去掉在图形窗口中显示约束前面的√。选择菜单【文件】→【全部保存】，保存文件，如图 5-56 所示。

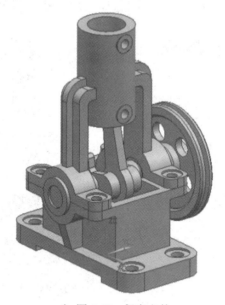

◆ 图 5-56　保存文件

5.4　迷你充电器自顶向下装配设计

迷你充电器自顶向下装配设计的步骤如下：

(1) 新建文件。选择工具栏中的 或按下键盘组合键"Ctrl+N"，在【新建】对话框中，模板选择【模型】，默认单位为 mm，在名称栏输入 "charge"，文件夹设置为 E:\product design\charge，单击【确定】按钮或鼠标中键退出【新建】对话框。

(2) 创建球。单击特征工具条上的球图标 ◯，类型选择中心点和直径，设置球直径为 60 mm，单击【确定】按钮默认在坐标原点创建球，结果如图 5-57 所示。

◆ 图 5-57 创建球

(3) 缩放球体成椭球体。选择菜单【插入】→【偏置 / 缩放】→【缩放体】，类型选择 "常规"，选择第 (2) 步创建的球体，指定 X、Y、Z 向的比例因子分别为 0.65、0.7、0.35，单击【确定】按钮完成缩放球体的操作 (即球体变成椭球体)，如图 5-58 所示。

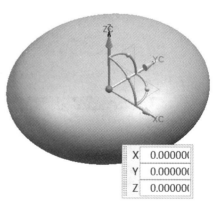

◆ 图 5-58 缩放球体成椭球体

(4) 抽取椭球体。选择菜单【插入】→【关联复制】→【抽取几何特征】，类型选择体，选择第 (3) 步缩放后的椭球体，打上 "固定于当前时间戳记" 前的 √，单击【确定】按钮完成椭球体的抽取，如图 5-59 所示。

◆ 图 5-59　抽取椭球体

(5) 对抽取前后的椭球体分别进行修剪。单击特征工具条上的修剪体图标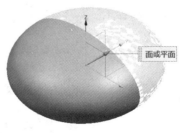，目标分别选择抽取前后的椭球体，工具选择 XC-ZC 基准面，一个保留上半部分；另一个保留下半部分，如图 5-60(a)、(b) 所示，单击鼠标中键，完成修剪体的操作。

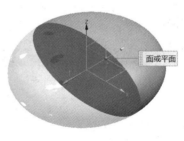

(a) 修剪掉下半部分

(b) 修剪掉上半部分

◆ 图 5-60　修剪椭球体

(6) 缩放下半部分椭球体。选择菜单【插入】→【偏置/缩放】→【缩放体】, 类型选择"常规", 选择下半部分椭球体, 指定 X、Y、Z 向的比例因子分别为 1、1.8、1, 单击【确定】按钮完成缩放体的操作, 如图 5-61 所示。

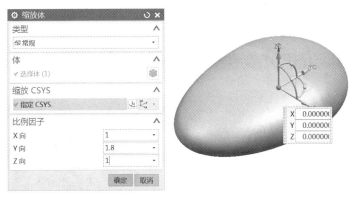

◆ 图 5-61　缩放体

(7) 两部分实体求和生成充电器实体毛坯。单击特征工具条上的求和图标 🔩, 目标选择上半部分椭球体, 工具选择下半部分缩放后的椭球体, 单击【确定】按钮, 如图 5-62 所示。

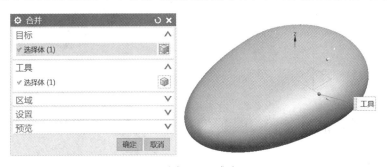

◆ 图 5-62　求和

(8) 抽取等斜度曲线。按快捷键 "Ctrl+L", 在【图层设置】对话框中, 设置输入 41 层为工作层后按回车键, 再单击鼠标中键退出【图层设置】对话框。选择菜单【插入】→【派生曲线】→【抽取】, 单击等斜度曲线, 矢量选择 +ZC 轴后单击鼠标中键, 输入角度为 0 后单击鼠标中键, 选择第 (7) 步求和后的实体, 单击鼠标中键完成 Z 向等斜度曲线的抽取, 如图 5-63 所示。

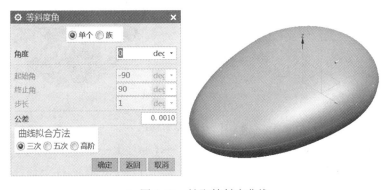

◆ 图 5-63　抽取等斜度曲线

(9) 编辑曲线。选择菜单【编辑】→【曲线】→【长度】，在【曲线长度】对话框中，选择图 5-64(a) 所示的曲线，输入开始值和结束值均为 –10，单击鼠标中键完成该曲线长度的编辑。按"F4"键重复使用编辑曲线长度命令，选择如图 5-64(b) 所示的曲线，输入开始值和结束值均为 –5，单击鼠标中键完成该曲线长度的编辑。

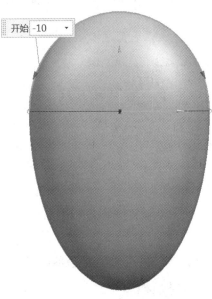

(a) 编辑上部曲线

(b) 编辑下部曲线

◆ 图 5-64 编辑曲线

(10) 绘制艺术样条曲线。选择菜单【插入】→【曲线】→【艺术样条】，类型选择"根据极点"，曲线次数设置为 4，绘制如图 5-65(a)、(b) 所示的艺术样条曲线，设置两艺术样条端点处均和编辑曲线长度后的两曲线相切。

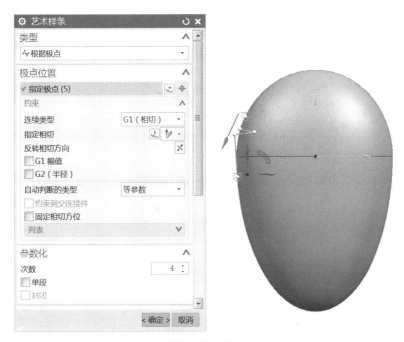

(a) 绘制左侧艺术样条曲线

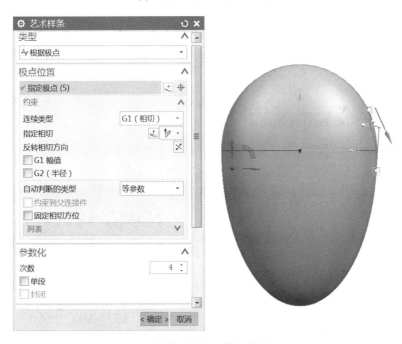

(b) 绘制右侧艺术样条曲线

◆ 图 5-65　绘制艺术样条曲线

(11) 绘制修剪实体草图。按快捷键"Ctrl+L"，在【图层设置】对话框中的工作图层输入 21 后按回车键，再单击鼠标中键退出【图层设置】对话框。选择菜单【插入】→【在任务环境中绘制草图】，直接单击鼠标中键，默认以 XC-YC 平面为草图平面、X 轴为平参考，绘制如图 5-66 所示的草图。

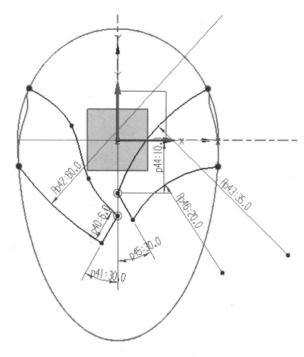

◆ 图 5-66　修剪实体草图

(12) 拉伸修剪实体的片体。按快捷键"Ctrl+L"，在【图层设置】对话框中的工作图层输入 81 后按回车键，再单击鼠标中键退出【图层设置】对话框。单击特征工具条中的拉伸图标 █ 或按快捷键"X"，选择第 (11) 步绘制的草图曲线，拉伸方向为 +ZC 方向，对称拉伸距离为 25，如图 5-67 所示。

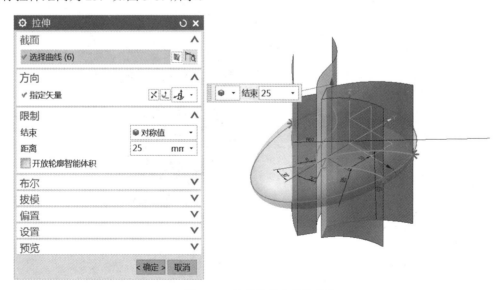

◆ 图 5-67　拉伸修剪实体的片体

(13) 修剪体。单击特征工具条上的修剪体图标 █，目标分别选择实体毛坯，工具分别选择左右两侧拉伸片体，分别修剪掉片体之间的材料，如图 5-68(a)、(b) 所示，单击鼠标中键完成修剪体的操作。

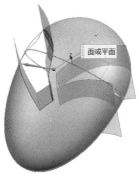

(a) 修剪左侧实体

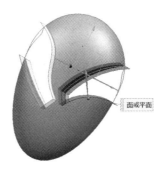

(b) 修剪右侧实体

◆ 图 5-68 修剪体

(14) 创建产品两侧渐消面。按快捷键"Ctrl+L"，在【图层设置】对话框中的工作图层输入 82 后按回车键，再单击鼠标中键退出【图层设置】对话框。单击曲面工具条上的通过曲线网格命令，分别选择一侧主曲线和交叉曲线(主曲线有 2 条，交叉曲线有 3 条，在第一主线串、最后主线串、第一交叉线串、最后交叉线串均约束和实体表面相切)。重复同样操作，完成另一侧渐消面的创建，如图 5-69(a)、(b) 所示。

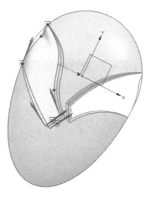

(a) 左侧渐消面

(b) 右侧渐消面

◆ 图 5-69 创建渐消面

(15) 对实体补片。选择菜单【插入】→【组合】→【补片】，目标选择产品实体，工具选择左侧渐消面，单击鼠标中键在左侧渐消面内填充实体。重复同样操作，完成另一侧渐消面的填充，如图 5-70(a)、(b) 所示。

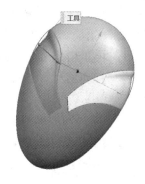

(a) 左侧补片

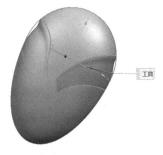

(b) 右侧补片

◆ 图 5-70 补片

(16) 绘制拆分零件草图。按快捷键"Ctrl+L"，在【图层设置】对话框中的工作图层输入 22 后按回车键，再单击鼠标中键退出【图层设置】对话框。选择菜单【插入】→【在任务环境中绘制草图】，直接单击鼠标中键，默认以 XC-YC 平面为草图平面、X 轴为水平参考，绘制如图 5-71 所示的草图。

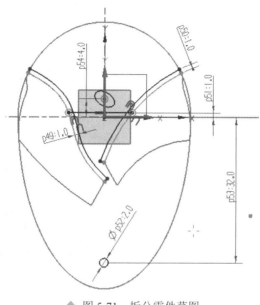

◆ 图 5-71　拆分零件草图

(17) 抽取椭球体。选择菜单【插入】→【关联复制】→【抽取几何特征】，类型选择产品实体，打上"固定于当前时间戳记"前的√，单击【确定】按钮完成椭球体的抽取，如图 5-72 所示。

◆ 图 5-72　抽取椭球体

(18) 拉伸拆分盖子的片体。按快捷键"Ctrl+L"，在【图层设置】对话框中的工作图层输入 83 后按回车键，再单击鼠标中键退出【图层设置】对话框。单击特征工具条中的拉伸图标🔲 或按快捷键"X"，按下相交处停止图标➕选择 22 层草图曲线中的三段曲线，拉伸方向为 +ZC 方向，对称拉伸距离为 25，如图 5-73 所示。

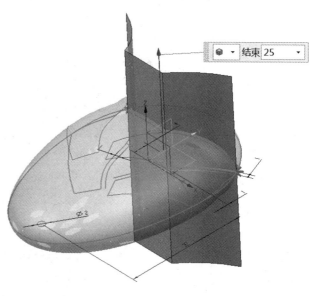

◆ 图 5-73　拉伸拆分盖子片体

(19) 修剪实体下半部分。单击特征工具条上的修剪体图标🔲，目标选择实体毛坯，工具选择第 (18) 步拉伸的片体，修剪掉实体下半部分，如图 5-74 所示，单击鼠标中键完成修剪体的操作。

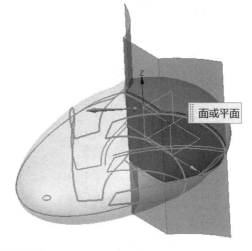

◆ 图 5-74　修剪实体

(20) 倒 R5、R10 圆角。单击特征工具条上的边倒圆图标🔲，选择如图 5-75 所示的实体左侧一条边，设置圆角半径为 5，单击添加新集按钮➕，选择实体右侧一条边，设置相应圆角半径为 10，单击鼠标中键完成圆角特征的创建。

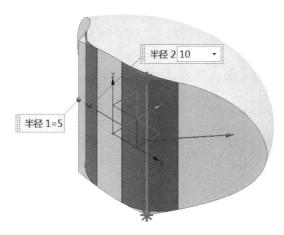

◆ 图 5-75　倒圆角

(21) 抽壳。单击特征工具条上的抽壳图标 ，选择如图 5-76 所示的盖子底面，输入厚度为 1.2，单击鼠标中键完成抽壳特征的创建。

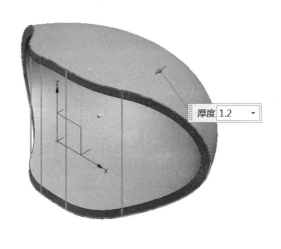

◆ 图 5-76　抽壳

(22) 往实体两侧投影 22 层草图中的椭圆。按快捷键 "Ctrl+L"，在【图层设置】对话框中的工作图层输入 41 后按回车键，再单击鼠标中键退出【图层设置】对话框。选择菜单【插入】→【派生曲线】→【投影】，选择 22 层草图中的椭圆，投影方向沿 +ZC 轴，投影选项选择投影两侧，单击鼠标中键将 22 层草图中的椭圆投影至实体两侧内表面，如图 5-77 所示。

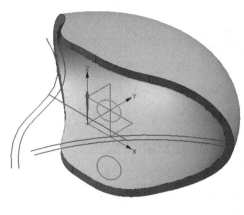

◆ 图 5-77　投影曲线

(23) 创建盖子内部两侧 N 边面。按快捷键 "Ctrl+L"，在【图层设置】对话框中的工作图层输入 84 后按回车键，再单击鼠标中键退出【图层设置】对话框。单击曲面工具条上的 N 边曲面图标 ，类型选择三角形，分别选择第 (22) 步创建的投影曲线，在形状控制中心控制选择位置，设置 X、Y、Z 位置分别为 50、50、48.5，如图 5-78(a)、(b) 所示，单击鼠标中键完成 N 边曲面的创建。

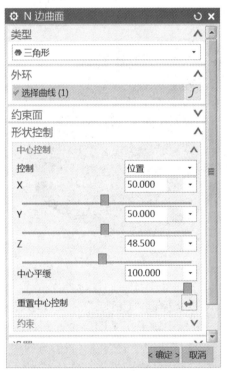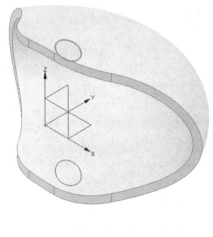

(a) 内侧上部 N 边面

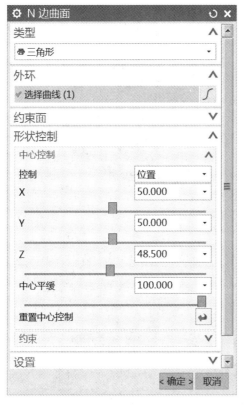

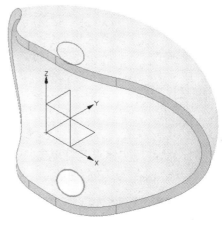

(b) 内侧下部 N 边面

◆ 图 5-78 内侧 N 边面

(24) 对盖子实体补片。选择菜单【插入】→【组合】→【补片】，目标选择盖子实体，工具选择第 (23) 步创建的一侧 N 边曲面，单击鼠标中键完成一侧补片的操作。重复同样操作，完成另一侧实体补片，如图 5-79(a)、(b) 所示。执行这步操作后在盖子内部两个侧面形成了侧凹，此处的侧凹深度不能太大 (应小于 0.5)，保证产品能强制脱模，这是将 Z 向位置设置为 48.5 的原因。

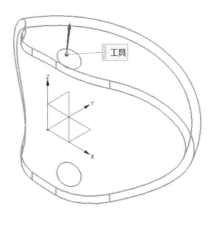

(a) 内侧上部补片

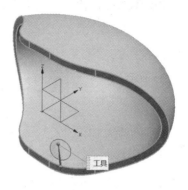

(b) 内侧下部补片

◆ 图 5-79 补片

(25) 对产品毛坯实体求差。单击特征工具条上的求差图标🔁，目标产品毛坯实体，工具盖子，勾选"保存工具"前面的√，单击鼠标中键完成挖腔特征的创建，如图 5-80 所示。

◆ 图 5-80 求差

(26) 创建修剪产品下部分实体的基准面。按快捷键"Ctrl+L"，在【图层设置】对话框中的工作图层输入 62 后按回车键，再单击鼠标中键退出【图层设置】对话框。单击特征工具条上的基准平面图标🗔，类型设置为自动判断，选择 XC-ZC 基准面，输入偏置距离为 12，单击【确定】按钮完成偏置基准面的创建，如图 5-81 所示。

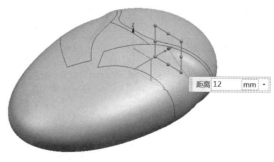

◆ 图 5-81 创建基准面

(27) 修剪产品下部分实体。单击特征工具条上的修剪体图标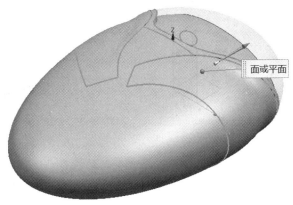，目标选择产品下部分实体，工具选择第 (26) 步创建的基准面，修剪掉实体上部分材料，如图 5-82 所示，单击鼠标中键完成修剪体的操作。

◆ 图 5-82　修剪产品下部分实体

(28) 倒 R2 圆角。单击特征工具条上的边倒圆图标，选择如图 5-83 所示的高亮显示边，设置圆角半径为 2，单击鼠标中键完成圆角特征的创建。

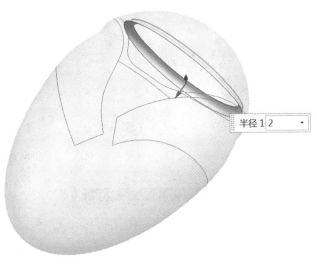

◆ 图 5-83　倒圆角

(29) 创建产品下部分实体上的孔。单击特征工具条中的拉伸图标或按快捷键"X"，按下选择 22 层草图曲线中的孔，拉伸方向为 +ZC 方向，对称拉伸距离为 25，与产品下部分实体求差，如图 5-84 所示。

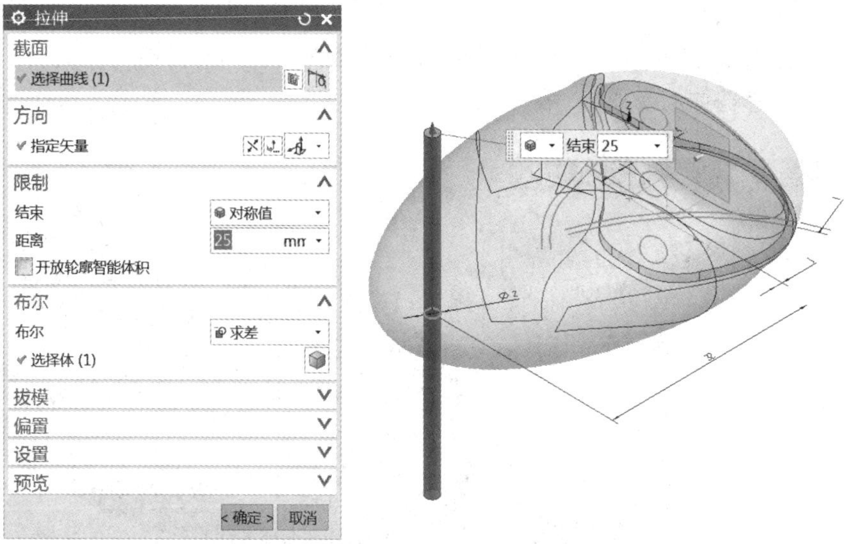

◆ 图 5-84　创建产品实体孔

(30) 倒斜角。单击特征工具条上倒斜角图标，横截面选择非对称，选择如图 5-85(a)、(b) 所示的两条边，输入距离 1 为 1、距离 2 为 2，单击鼠标中键完成倒斜角特征的创建。至此完成了充电器实体毛坯的创建，下面拆分各零件。

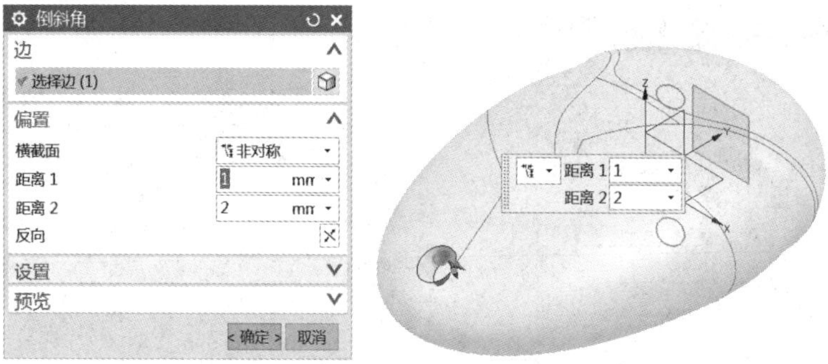

(a) 上边缘倒斜角

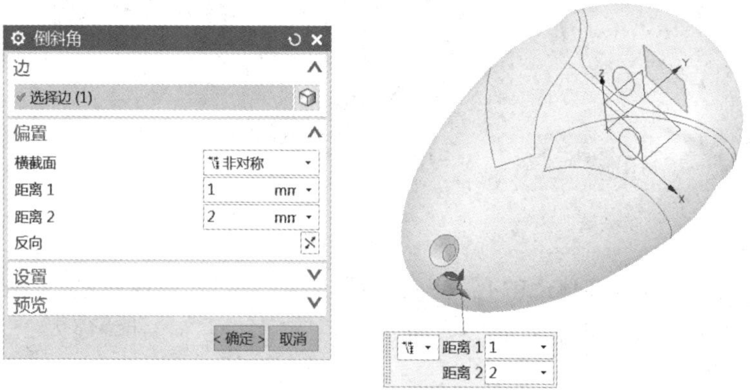

(b) 下边缘倒斜角

◆ 图 5-85　倒斜角

(31) 新建组件。单击图标 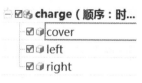 启动·,选择装配再单击装配工具条上的新建组件图标 ,在【新建】对话框中,模板选择【模型】,默认单位为mm,在名称栏输入"cover",文件夹设置为:E:\product design\charge,连续单击鼠标中键两次,建立 cover 新组件。重复同样的操作建立 left、right 两新组件,在装配导航器中可以查看刚刚建立的三个新组件,如图 5-86 所示。该步也可以使用另一种操作方法,在装配导航器中的空白处单击鼠标右键,勾选 wave 模式,右键选中总装配 charge,选择 wave——新建级别,在新建级别对话框部件名后输入"cover"按回车键,再单击鼠标中键完成建立 cover 新组件。重复同样的操作步骤,建立 left、right 两新组件。

```
─ ☑☐ charge(顺序:时...
   ☑☐ cover
   ☑☐ left
   ☑☐ right
```

◆ 图 5-86 新建组件

(32) 链接盖子毛坯。将 cover 转为工作部件,在装配导航器中右键选中 cover,出现右键快捷菜单,选择设为工作部件,单击装配工具条上的 WAVE 几何链接器图标 ,类型选择体,选择盖子毛坯实体,单击【确定】完成盖子毛坯的链接。

(33) 对盖子偏置面。将 cover 转为显示部件,在装配导航器中右键选中 cover,出现右键快捷菜单,选择设为显示部件。选择菜单【插入】→【偏置/缩放】→【偏置面】,选择盖子底部面,偏置值设为 0.2,单击鼠标中键将盖子底部面向内偏置,如图 5-87 所示。

◆ 图 5-87 偏置面

(34) 链接左盖毛坯。将 left 转为工作部件,在装配导航器中右键选中 left,出现右键快捷菜单,选择设为工作部件,单击装配工具条上的 WAVE 几何链接器图标 ,类型选择左盖毛坯实体,单击【确定】完成左盖毛坯的链接。按快捷键"Ctrl+L",在【图层设置】对话框中的工作图层输入 71 后按回车键,再单击鼠标中键退出【图层设置】对话框。单击装配工具条上的 WAVE 几何链接器图标 ,类型选择基准,框选选择绝对坐标系,单击【确定】完成绝对坐标系的链接。

(35) 对左盖进行修剪体操作。将 left 转为显示部件,在装配导航器中右键选中 left,在右键快捷菜单中,选择设为显示部件,单击特征工具条上的修剪体图标 ,目标选择实体毛坯,工具选择 XC-YC 基准面,修剪掉实体上部分材料,如图 5-88 所示,单击鼠标中键完成修剪体的操作。

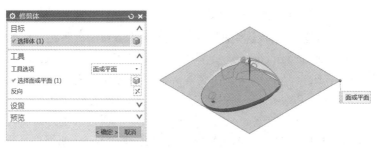

◆ 图 5-88　修剪体

(36) 抽壳单击特征工具条上的抽壳图标 ，选择如图 5-89 所示的左盖底面，输入厚度为 1，单击鼠标中键完成抽壳特征的创建。

◆ 图 5-89　抽壳

(37) 偏置面。选择菜单【插入】→【偏置 / 缩放】→【偏置面】，选择左盖底部平面，偏置值设为 0.2，单击【确定】按钮将左盖底部面向内偏置，选择柱位底部平面，偏置值设为 1，单击【确定】按钮将柱位底部平面向内偏置，如图 5-90(a)、(b) 所示。

(a) 偏置底部平面

(b) 偏置柱位底部面

◆ 图 5-90　偏置面

(38) 倒 R0.5 圆角。单击特征工具条上的边倒圆图标，选择如图 5-91 所示的高亮显示的两条边，设置圆角半径为 0.5，单击鼠标中键完成圆角特征的创建。

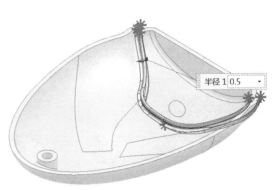

◆ 图 5-91　倒圆角

(39) 创建咬边特征。单击特征工具条中的拉伸图标或按快捷键"X"，选择左盖底部内侧实体边，拉伸方向为 +ZC 方向，开始距离为 -0.5、结束距离为 0.5，偏置类型设为"两侧"，开始为 -0.2、结束为 0.45，与左盖实体求差，单击【确定】按钮完成咬边特征的创建，如图 5-92 所示。

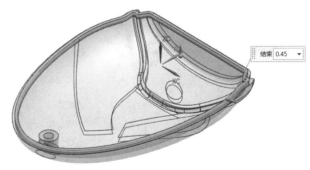

◆ 图 5-92　创建咬边特征

(40) 倒 R1 圆角。单击特征工具条上的边倒圆图标 ，选择如图 5-93 所示的高亮显示的边，设置圆角半径为 1，单击鼠标中键完成圆角特征的创建。

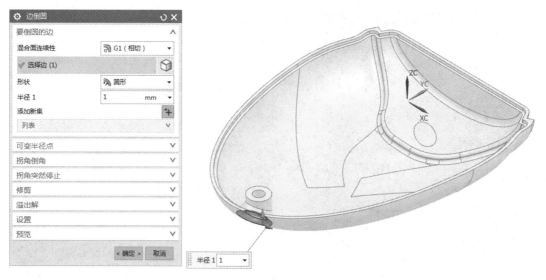

◆ 图 5-93　倒圆角

(41) 链接右盖毛坯。将 right 转为工作部件，在装配导航器中右键选中 right，出现右键快捷菜单，选择设为工作部件，单击装配工具条上的 WAVE 几何链接器图标 ，类型选择右盖毛坯实体，单击【确定】按钮完成右盖毛坯的链接。按快捷键 "Ctrl+L"，在【图层设置】对话框中的工作图层输入 72 后按回车键，再单击鼠标中键退出【图层设置】对话框。单击装配工具条上的 WAVE 几何链接器图标 ，类型选择基准，框选选择绝对坐标系，单击【确定】按钮完成绝对坐标系的链接。

(42) 对右盖进行修剪体操作。将 right 转为显示部件，在装配导航器中右键选中 right，出现右键快捷菜单，选择设为显示部件，单击特征工具条上的修剪体图标 ，目标选择实体毛坯，工具选择 XC-YC 基准面，修剪掉实体下部分材料，如图 5-94 所示，单击鼠标中键完成修剪体的操作。

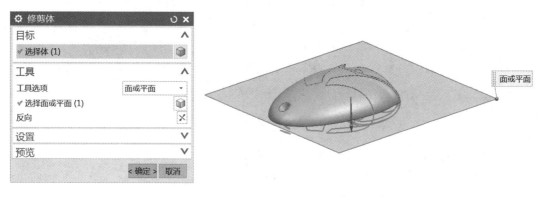

◆ 图 5-94　修剪体

(43) 抽壳。单击特征工具条上的抽壳图标 ，选择如图 5-95 所示的右盖底面，输入厚度为 1，单击鼠标中键完成抽壳特征的创建。

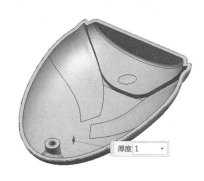

◆ 图 5-95　抽壳

(44) 倒 R0.5 圆角。单击特征工具条上的边倒圆图标 ，选择如图 5-96 所示的高亮显示的两条边，设置圆角半径为 0.5，单击鼠标中键完成圆角特征的创建。

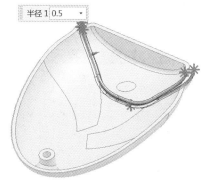

◆ 图 5-96　倒圆角

(45) 偏置面。选择菜单【插入】→【偏置/缩放】→【偏置面】，选择左盖底部平面，偏置值设为 0.2，单击【确定】按钮将右盖底部面向内偏置，选择柱位底部平面，偏置值设为 1，单击【确定】按钮将柱位底部平面向内偏置，如图 5-97(a)、(b) 所示。

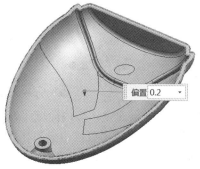

(a) 偏置右盖底部平面

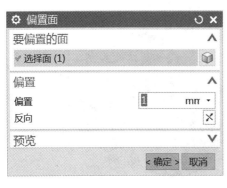 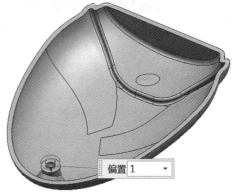

(b) 偏置柱位底部面

◆ 图 5-97　偏置面

(46) 创建咬边特征。单击特征工具条中的拉伸图标 或按快捷键"X"，选择右盖底部内侧实体边，拉伸方向为 +ZC 方向，开始距离为 0、结束距离为 0.5，偏置类型设为两侧，开始为 0、结束为 0.4，与右盖实体求和，单击【确定】按钮完成咬边特征的创建，如图 5-98 所示。

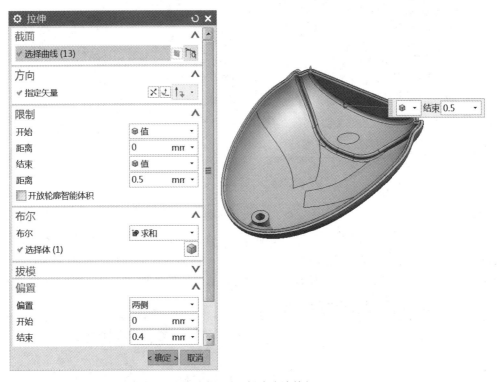

◆ 图 5-98　创建咬边特征

(47) 绘制艺术样条曲线。按快捷键"Ctrl+L"，在【图层设置】对话框中的工作图层输入 42 后按回车键，再单击鼠标中键退出【图层设置】对话框。选择菜单【插入】→【曲线】→【艺术样条】，类型选择"根据极点"，曲线次数设置为 3，绘制如图 5-99 所示的艺术样条曲线。

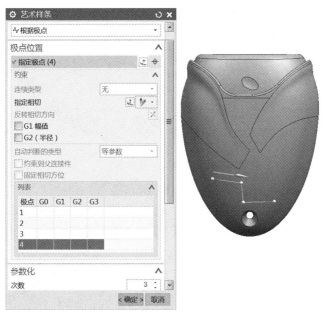

◆ 图 5-99 绘制艺术样条曲线

(48) 插入文字。选择菜单【插入】→【曲线】→【文本】，类型选择"曲线上"，选择第 (47) 步绘制的曲线，在文本属性中输入"佛职"，将文字高度和间距调整到合适大小，单击【确定】按钮完成文字的创建，如图 5-100 所示。

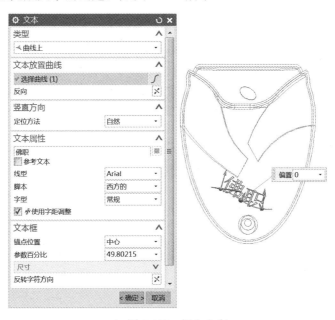

◆ 图 5-100 插入文字

(49) 偏置曲面。按快捷键"Ctrl+L"，在【图层设置】对话框中的工作图层输入 85 后按回车键，再单击鼠标中键退出【图层设置】对话框。选择菜单【插入】→【偏置 / 缩放】→【偏置曲面】，选择右盖实体上表面，输入偏置值为 0.2，单击【确定】把右盖实体上表面向内侧偏置，如图 5-101 所示。

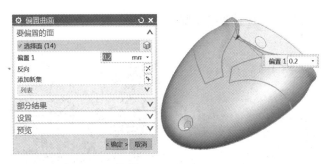

◆ 图 5-101 偏置曲面

(50) 拉伸文字。单击特征工具条中的拉伸图标 或按快捷键"X"，选择第 (48) 步创建的文字，拉伸方向为 +ZC 方向，开始设置为"直至选定"，选择第 (49) 步创建的偏置曲面，结束距离为 10，与右盖实体求差，单击【确定】按钮完成文字的拉伸，如图 5-102 所示。

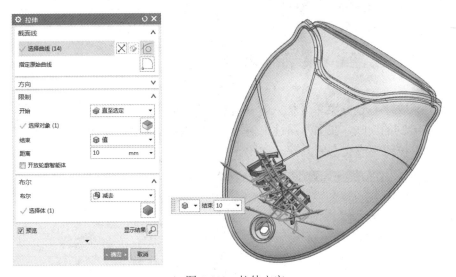

◆ 图 5-102 拉伸文字

(51) 倒 R1 圆角。单击特征工具条上的边倒圆图标 ，选择如图 5-103 所示的高亮显示的两条边，设置圆角半径为 1，单击鼠标中键完成圆角特征的创建。

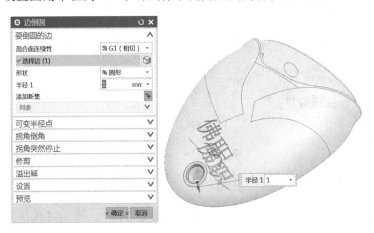

◆ 图 5-103 倒圆角

(52) 保存文件。将charge总装配设为工作部件,给各子组件设置相应颜色。选择菜单【文件】→【全部保存】，保存文件，如图 5-104 所示。

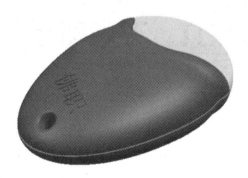

◆　图 5-104　保存文件

5.5　某型号节流阀装配综合练习

运用 UG NX12.0 软件，根据已完成的各零件三维模型，参考给定的装配示意图，完成零件装配。要求：零件装配完整，装配关系正确。

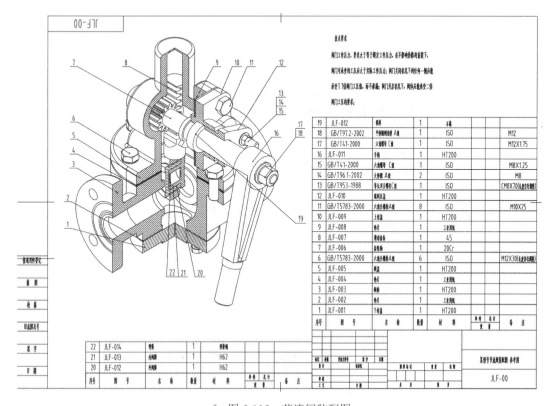

◆　图 5-105　节流阀装配图

模块六　工程图设计

　　利用 UG NX12.0 的实体建模模块创建的零件和装配体主模型，可以引用到 UG NX12.0 的工程图模块中，通过投影快速地生成二维工程图。由于 UG NX12.0 的工程图功能是基于创建三维实体模型的投影所得到的，因此工程图与三维实体模型是完全相关的。实体模型进行的任何编辑操作，都会在三维工程图中引起相应的变化。用户的主要工作是在投影视图之后，完成图纸需要的其他信息的绘制、标注、说明等。本模块主要介绍 UG NX12.0 软件的制图模块功能。

【学习目标】

　　(1) 掌握 UG NX12.0 工程图的基本操作。
　　(2) 掌握 UG NX12.0 视图的基本操作。
　　(3) 掌握 UG NX12.0 工程图的标注功能。
　　(4) 掌握 UG NX12.0 导出 CAD 图操作。
　　(5) 掌握 CAD 导入 UG NX12.0 操作。

6.1　创建工程图的基本步骤

　　创建工程图的基本步骤如下：
　　(1) 新建图纸，设置图纸格式，进行制图预设置。
　　(2) 创建一般视图。
　　(3) 根据设计需要，创建其他视图，如投影视图、辅助视图、详细视图、旋转视图以及剖视图等，表达方法可以采用全视图、半视图或局部视图等。
　　(4) 标注尺寸及其他技术指标。
　　(5) 编辑工程图。
　　(6) 填写明细栏。

6.2　工程图创建与视图操作实例 1

　　(1) 进入制图环境。打开 3.1.1 节创建的 *dizuo.prt* 零件的三维模型文件，单击【启动】→【制图】命令或按快捷键 "Ctrl+Shift+D"，进入工程图环境。

(2) 新建图纸页。选中菜单【插入】→【图纸页】或单击图纸工具条上的图标，弹出"图纸页"对话框，图纸大小选择"标准尺寸"，单位选择"mm"，投影选择第一角投影，取消选中"始终启动视图创建"，如图 6-1 所示。单击【确定】按钮，完成图纸页的建立。

◆ 图 6-1　新建图纸页

(3) 制图预设置。UG NX12.0 的默认设置是国际通用的制图标准，其中很多选项不符合我国国家标准，所以在创建工程图之前，一般需要对工程图参数进行预设置，避免后续的大量修改工作，这可提高工作效率。通过工程图参数的预设置，可以控制箭头的大小和形式、线条的粗细、不可见线的显示与否、标注样式和字体大小等。这些预设置只对当前文件和以后添加的视图有效，对于在设置之前添加的视图则需要通过视图编辑来修改。选择菜单栏中的【首选项】→【制图】，系统弹出【制图首选项】对话框。

① 预设置视图参数。选择视图中的"可见线"选项卡，颜色设置为黑色，将可见线设置为粗实线，如图 6-2(a) 所示；选择视图中的"隐藏线"选项卡，勾选"处理隐藏线"，颜色设置为黑色，线型设置为虚线，如图 6-2(b) 所示；选择视图中的"虚拟交线"选项卡，勾选"显示虚拟交线"，颜色设置为黑色，如图 6-2(c) 所示；选择视图中的"光顺边"选项卡，勾选"显示光顺边"，颜色设置为黑色，如图 6-2(d) 所示；选择视图中的"截面线"选项卡，设置类型为"⬆_____⬆"，如图 6-2(e) 所示。

(a) 可见线 (b) 隐藏线

(c) 虚拟交线 (d) 光顺边

(e) 截面线

◆ 图 6-2 预设值视图参数

②设置剖面线和中心线。选择注释中的"剖面线/区域填充"选项卡，设置剖面线颜色、宽度等，如图 6-3(a) 所示；选择注释中的"中心线"选项卡，设置中心线颜色、宽度等，如图 6-3(b) 所示。

(a) 剖面线　　　　　　　　　　　　　　　(b) 中心线

◆ 图 6-3　设置剖面线和中心线

③设置尺寸参数。选择尺寸中的"文本"选项卡，设置单位为"毫米"，勾选"显示前导零""显示后置零"，如图 6-4(a) 所示；选择尺寸中的"附件文本"选项卡，设置文字颜色为黑色，字体为中文简体，文字高度为 3.5，其余参数均为 0.5，勾选"应用于整个尺寸"，如图 6-4(b) 所示；选择尺寸中的"尺寸文本"选项卡，设置文字颜色为黑色，字体为中文简体，参数设置如图 6-4(c) 所示；选择尺寸中的"公差文本"选项卡，设置文字颜色为黑色，字体为中文简体，参数设置如图 6-4(d) 所示。

(a) 单位　　　　　　　　　　　　　　　(b) 附加文本

(c) 尺寸文本

(d) 公差文本

◆ 图 6-4 设置尺寸参数

(4) 添加俯视图。单击菜单【插入】→【视图】→【基本】或单击图纸工具条上的图标，弹出【基本视图】对话框。在该对话框中进行如图 6-5(a) 所示的设置，然后在图纸虚线框内部合适位置单击鼠标左键，添加模型的俯视图，如图 6-5(b) 所示。

(a)【基本视图】对话框

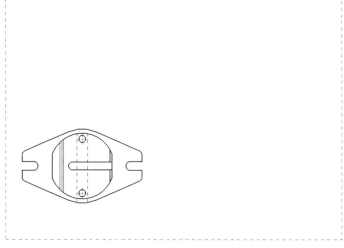
(b) 放置位置

◆ 图 6-5 添加俯视图

(5) 添加全剖视图作为主视图。单击菜单【插入】→【视图】→【剖视图】或单击图纸工具条上的图标，弹出【剖视图】对话框。在该对话框中进行如图 6-6(a) 所示的设置，然后点选俯视图中的 R5 圆弧圆心，再往上方单击某适当位置，添加全剖视图，左键选中该剖视图，在弹出的关联菜单中单击设置图标，将隐藏线设为不可见，取消勾选"显示光顺边"，如图 6-6(b) 所示。

(a)【剖视图】对话框

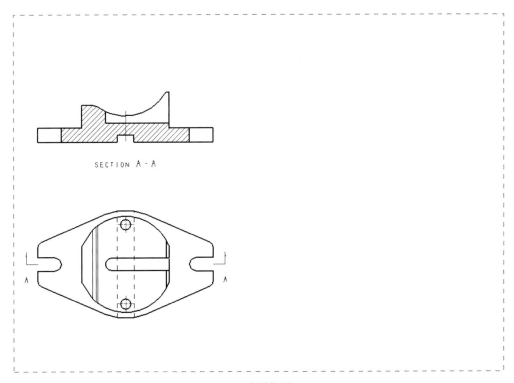

(b) 放置位置

◆ 图 6-6　添加全剖视图

(6) 添加侧视图。左键选中主视图，单击菜单【插入】→【视图】→【投影】或单击图纸工具条上的图标 <img_1>，弹出【投影视图】对话框，在主视图右方单击某适当位置，添加投影视图，如图 6-7 所示。

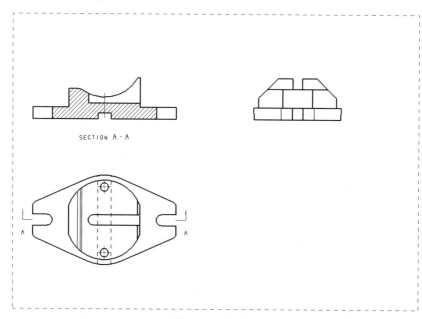

◆ 图 6-7　添加侧视图

(7) 绘制剖切矩形。选中第 (6) 步创建的投影视图，单击右键选择激活草图，绘制如图 6-8 所示的矩形。该矩形为下一步创建局部剖的剖切范围。

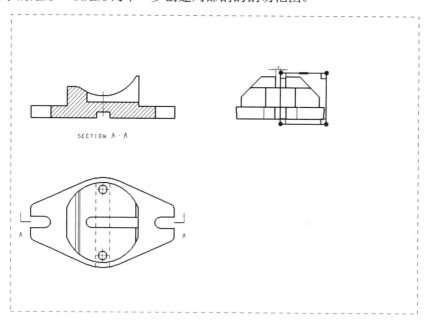

◆ 图 6-8　绘制剖切矩形

(8) 创建局部剖视图。选中第 (7) 步创建的投影视图，单击菜单【插入】→【视图】→【局部剖】或单击图纸工具条上的图标 ，弹出【局部剖】对话框，指定基点为主视图中直径80的圆心,拉伸矢量方向为水平向左,选择第(7)步绘制的矩形为剖切范围曲线,单击【应用】按钮完成局部剖视图的创建,如图6-9所示。

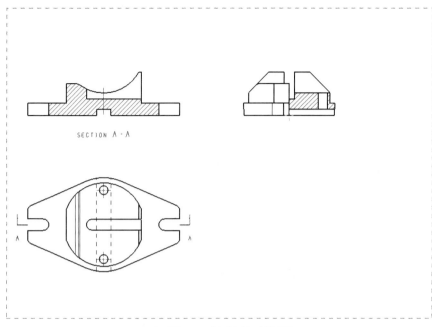

◆ 图6-9 创建局部剖视图

(9) 编辑局部剖视图。单击鼠标左键选中局部剖视图,在弹出的关联菜单中单击设置图标 ^A𝘈,将隐藏线设为不可见,取消勾选"显示光顺边",将该剖视图对称中心线位置可见线隐藏。单击菜单【插入】→【中心线】→【2D中心线】或单击注释工具条上的图标 ⊞,添加如图6-10所示的中心线。

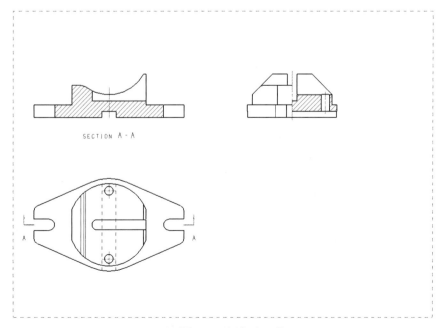

◆ 图6-10 添加中心线

(10) 添加轴侧图。单击菜单【插入】→【视图】→【基本】或单击图纸工具条上的 图标，弹出【基本视图】对话框。在该对话框中进行如图 6-11(a) 所示的设置，然后在图纸虚线框内部合适位置单击鼠标左键，添加模型的轴侧图，框选刚建立的轴侧图，然后按 Delete 键将中心线删除，如图 6-11(b) 所示。

(a)【基本视图】对话框

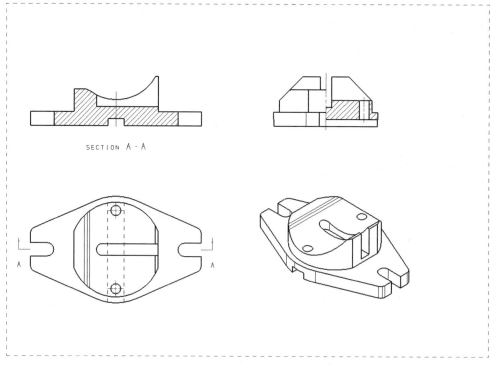

(b) 放置位置

◆ 图 6-11　添加轴侧图

(11) 标注尺寸。单击菜单【插入】→【尺寸】→【快速尺寸】或单击尺寸工具条上的图标，标注如图 6-12 所示的尺寸。

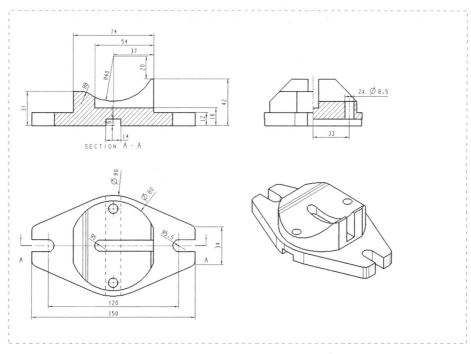

◆ 图 6-12　标注尺寸

(12) 添加技术要求。单击菜单【插入】→【注释】→【注释】或单击注释工具条上的图标，在图纸合适位置添加技术要求后，保存文件，如图 6-13 所示。

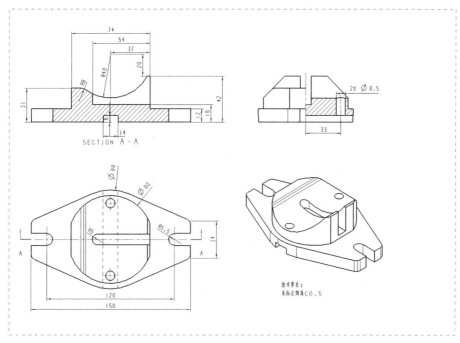

◆ 图 6-13　添加技术要求

6.3　工程图创建与视图操作实例 2

(1) 进入制图环境。打开三维装配模型 pingkouhuqian_asm1.prt，单击【启动】→【制图】命令或按快捷键 "Ctrl+Shift+D"，进入工程图环境。

(2) 新建图纸页。选择菜单【插入】→【图纸页】或单击图纸工具条上的图标，弹出【图纸页】对话框，图纸大小选择 "标准尺寸"，单位选择 "毫米"，投影选择第一角投影，如图 6-14 所示，单击【确定】按钮完成图纸页的建立。

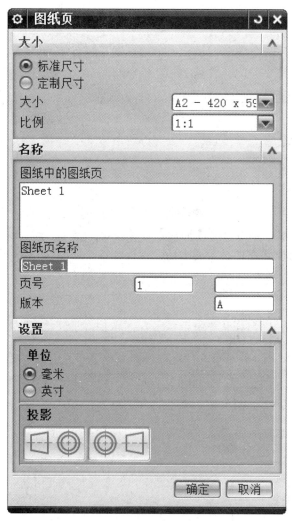

◆ 图 6-14　新建图纸页

(3) 制图预设置。参考工程图创建与视图操作实例一进行制图预设置。

(4) 添加俯视图。单击菜单【插入】→【视图】→【基本】或单击图纸工具条上的图标，弹出【基本视图】对话框。在该对话框中进行如图 6-15(a) 所示的设置，然后在图纸虚线框内部合适位置单击鼠标左键，添加模型的俯视图，如图 6-15(b) 所示。

(a)【基本视图】对话框

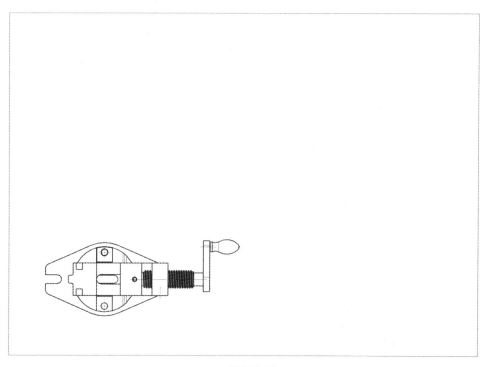

(b) 放置位置

◆ 图 6-15　添加俯视图

(5) 添加主视图的剖视图。单击菜单【插入】→【视图】→【剖视图】或单击图纸工具条上的图标 ，弹出【剖视图】对话框。在该对话框中进行如图 6-16(a) 所示的设置，然后单击剖切点，再单击上方空白处，添加主视图的剖视图的放置位置如图 6-16(b) 所示。

(a)【剖视图】对话框

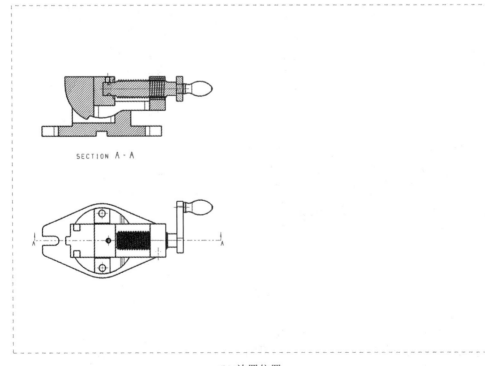

(b) 放置位置

◆ 图 6-16   添加主视图的剖视图

(6) 添加侧剖视图。单击菜单【插入】→【视图】→【剖视图】或单击图纸工具条上的图标圆，弹出【剖视图】对话框。在该对话框中进行如图 6-17(a) 所示的设置，然后单击剖切点，再单击上方空白处，添加侧剖视图的放置位置如图 6-17(b) 所示。

(a)【基本视图】对话框

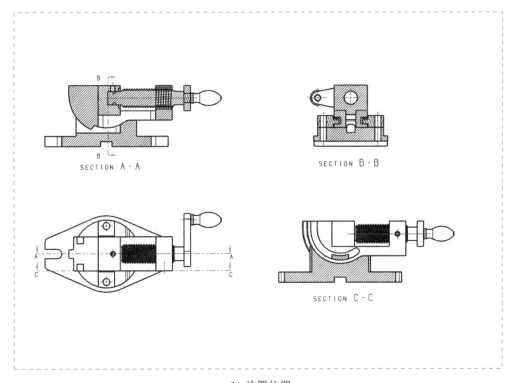

(b) 放置位置

◆ 图 6-17　添加侧剖视图

(7) 标注尺寸。单击菜单【插入】→【尺寸】→【快速尺寸】或单击尺寸工具条上的图标，标注如图 6-18 所示的尺寸。

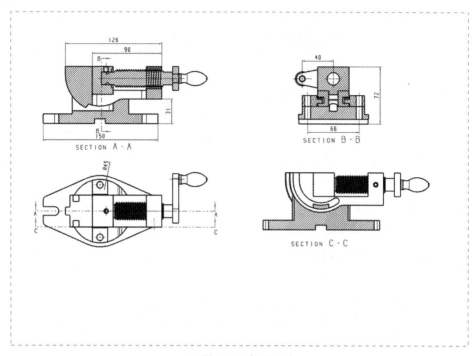

◆ 图 6-18　标注尺寸

(8) 添加技术要求。单击菜单【插入】→【注释】或单击注释工具条上的图标 A，在图纸合适位置添加技术要求，如图 6-19 所示。

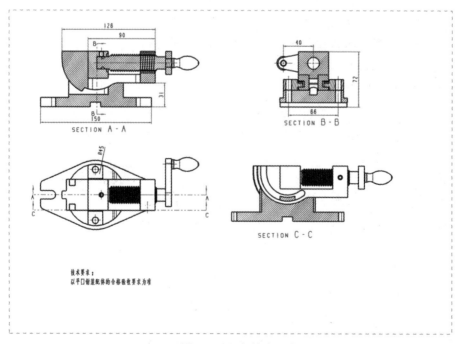

◆ 图 6-19　添加技术要求

(9) 添加零件明细表。单击菜单【插入】→【表格】→【零件明细表】，在图纸合适位置放置零件明细表，如图 6-20 所示。

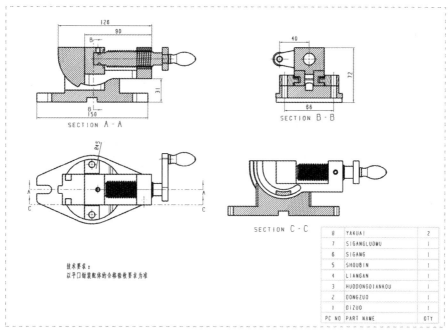

◆ 图 6-20　添加明细表

(10) 添加零件序号。单击菜单【插入】→【表格】→【自动符号标注】，再单击零件明细表，然后单击【确定】按钮，选择主视图，最后单击【确定】按钮，如图 6-21(a)、(b) 所示。

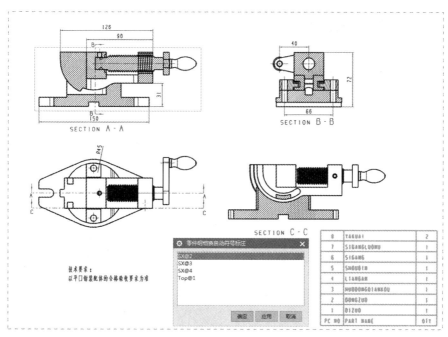

(a) 选择主视图

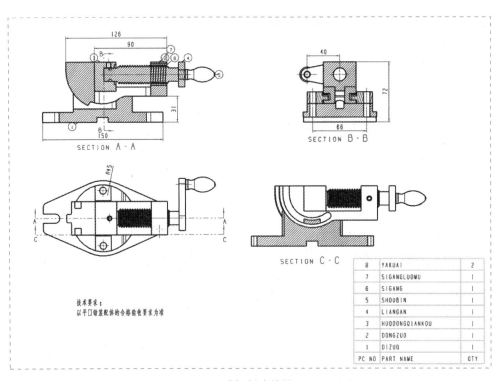

(b) 球标创建结果

◆ 图 6-21　添加零件序号

(11) 调整标注球的位置，如图 6-22 所示，在明细表中输入相应文字后，保存文件。

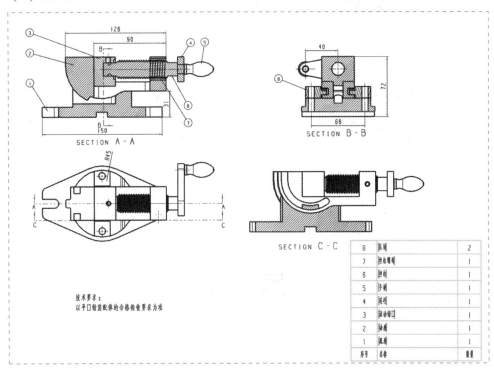

◆ 图 6-22　调整标注球位置

6.4 UG 工程图导出 CAD

UG 工程图导出 CAD 的具体步骤如下：

(1) 准备好工程图，如图 6-23 所示。

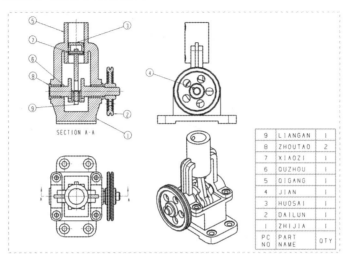

◆ 图 6-23 打开工程图

(2) 启动导出 CAD 命令。单击【文件】→【导出】→【AutoCAD DXF/DWG】，如图 6-24 所示。

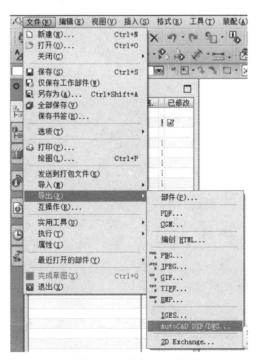

◆ 图 6-24 导出 CAD 格式

(3) 在弹出的对话框中设置相应参数，如图 6-25 所示。最后单击【完成】按钮即可。

(a) 输入和输出

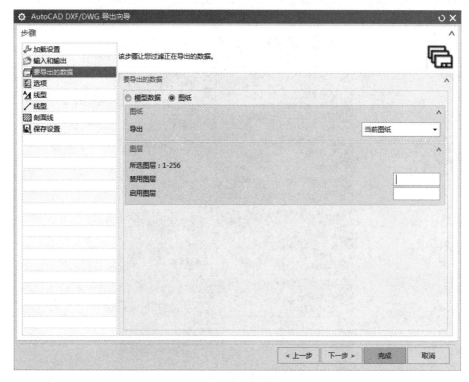

(b) 正在导出的数据

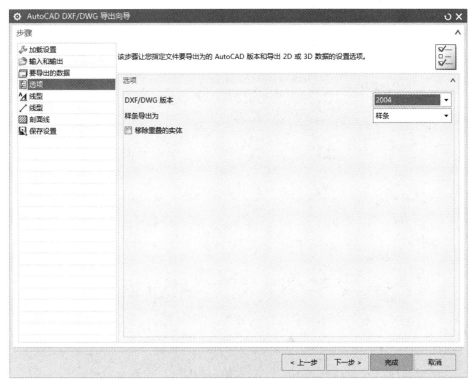

(c) 设置选项

(d) 字体

(e) 线型

◆ 图 6-25 导出选项

6.5 CAD 导入 UG

CAD 导入 UG 的具体步骤如下：

(1) 准备好一个 CAD 图档。

(2) 单击菜单【文件】→【导入】→【AutoCAD】，如图 6-26 所示。

◆ 图 6-26 导入 CAD 格式文件

(3) 在弹出的对话框中设置相应参数，单击【完成】按钮，如图 6-27 所示。

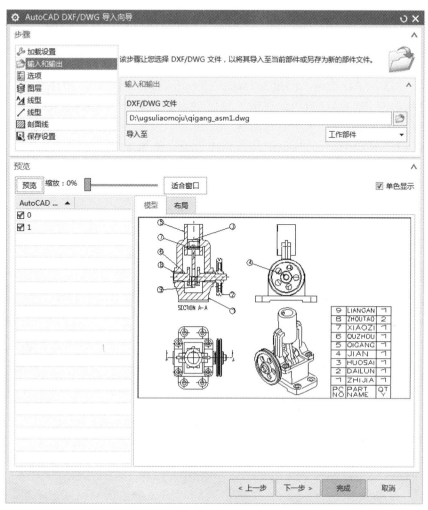

◆ 图 6-27 设置参数

参 考 文 献

[1] 洪如瑾 . NX7 CAD 快速入门指导 [M]. 北京：清华大学出版社，2011.

[2] 洪如瑾 . UG NX6 CAD 应用最佳指导 [M]. 北京：清华大学出版社，2010.

[3] 洪如瑾 . UG NX6 CAD 进阶培训教程 [M]. 北京：清华大学出版社，2009.

[4] 钟日铭 . UG NX10.0 入门与范例精通 [M]. 北京：机械工业出版社，2015.